理工系の数学教室 3

フーリエ解析と偏微分方程式

河村哲也—著

朝倉書店

はじめに

　いうまでもなく，理工系の各専門分野で基礎になるのは数学である．このように重要な数学のなかで，微分積分や線形代数を習得したあと学ぶべきことがらはいろいろあり，また分野ごとに異なっているが，どの分野であっても共通して重要なものに，常微分方程式，複素関数論，ベクトル解析，フーリエ解析，偏微分方程式がある．また知っていて便利なものにラプラス変換があり，さらに最近のコンピュータの発展により数値計算法も理工学において大きな位置を占めるようになってきた．これらの項目のなかで，常微分方程式および複素関数論については本シリーズですでに刊行している．またベクトル解析については微分積分学との関連を，また数値計算については線形代数との関連を重視してそれぞれ本シリーズで別途刊行予定である．そこで本書では残りのラプラス変換，フーリエ解析および偏微分方程式についてまとめてとりあげた．もちろん，これらの項目はお互い密接に関連していることを考慮したためである．

　自然現象は場所や時間によって変化するため，それを記述する場合には場所と時間が独立変数となり，その結果，偏微分方程式が現れる．したがって，偏微分方程式を解くことが理工学において重要な意味をもつ．その場合，実用上必要になることは，偏微分方程式の一般解を求めることではなく，ある初期条件や境界条件を満たす解を求めることである．このような問題を初期値・境界値問題とよんでいる．そして本書の最大の主題はこのような初期値・境界値問題を解く方法を示すことにある．フーリエ級数の創始者フーリエも，熱伝導方程式とよばれる偏微分方程式の初期値・境界値問題を解くためにフーリエ級数を導入した．このようにフーリエ級数と偏微分方程式は密接に関連する．ところで，フーリエ級数は有限周期をもった関数を三角関数の無限級数で表現するというものであるが，周期関数ではない関数も周期が無限と考えることにより，三角関数を用いて表せる．この場合，級数は積分の形になり，フーリエ変換の考えに自然に到達する．フーリエ変換は偏微分方程式の有力な解法になるだけでなく周波数解析など広い応用をもっている．さらにフーリエ変換は積分変換

とよばれる操作のひとつと考えられるが，別の有用な積分変換にラプラス変換がある．ラプラス変換もフーリエ変換におとらず幅広い応用をもつ．

　本書の構成は以下のとおりである．第1章ではラプラス変換を，定義からはじめて，その性質や逆変換の求め方を述べたあと，常微分方程式の初期値問題の解法やデュアメルの公式といった応用に至るまで比較的詳しく記している．第2章では三角関数からはじめて周期関数を三角関数の和で表すフーリエ級数の求め方について述べ，さらにフーリエ級数の収束性や微分積分の可能性についての議論を行う．第3章ではフーリエ級数の拡張としてフーリエ変換を導入し，その性質や簡単な応用について述べる．第4章では関数が三角関数だけではなく直交関数とよばれる関数の和で表せることや，このような直交関数列がスツルム・リュービル型の微分方程式の境界値問題に対する固有関数として得られることを示す．

　第5章からあとの部分は実用上重要な2階線形偏微分方程式の初期値・境界問題を取り扱う．第5章ではこのような偏微分方程式の分類や標準形へ書き換えを議論したあと，実際の物理現象から偏微分方程式の導出を行う．さらに偏微分方程式の解の性質をそれぞれの型に分けて議論する．第6章では線形偏微分方程式を解く場合に有力な変数分離法について，長方形領域内での初期値・境界値問題に焦点をあてて各型の偏微分方程式に対して説明する．このときフーリエ級数が活躍する．第7章では円形領域や球形領域における初期値・境界値問題をとりあげる．この場合には，第4章で述べた三角関数以外の直交関数が現れる．第8章では変数分離法以外の主な解法について概説する．すなわち，変数分離法では取り扱えない非同次方程式に対する固有関数展開法や1章や3章で述べたラプラス変換，フーリエ変換を利用した解法を例示し，さらにグリーン関数を用いた解法にもふれる．付録では複素関数論との関連としてラプラス逆変換に現れる複素積分について述べる．なお，コンピュータの発展にともない偏微分方程式の数値解法も実用上重要であるが，これについては他の巻で述べる予定である．

　本書によって読者諸氏が理工学に必要な数学のなかでも特に重要なラプラス変換，フーリエ解析，偏微分方程式に対する基礎知識を習得し，さらに高度な数学に進む場合の一助となれば幸いである．なお，本書の原稿は十分に推敲したが著者の未熟から思わぬ間違いや読みづらい点があることを恐れている．読

者諸氏のご叱正を待ち，順次改良を加えていきたい．

　最後に，本書執筆にあたり，お茶の水女子大学大学院人間文化研究科複合領域科学専攻の宮下和子さんおよび同研究科数理・情報科学専攻の割田真弓さんには数式のチェックを含む原稿の校正というめんどうな仕事を引き受けていただいた．また，朝倉書店編集部のみなさんには本書の刊行に対して終始お世話になった．ここに記して感謝の意を表したい．

　2005年3月

河 村 哲 也

目　次

1. ラプラス変換 ……………………………………………… 1
　1.1　ラプラス変換 ……………………………………………… 1
　1.2　ラプラス変換の存在 ……………………………………… 4
　1.3　ラプラス変換の性質 ……………………………………… 5
　1.4　ラプラス逆変換 …………………………………………… 12
　1.5　定数係数常微分方程式の初期値問題 …………………… 17
　1.6　単位応答とデルタ応答 …………………………………… 21

2. フーリエ級数 ……………………………………………… 28
　2.1　三 角 関 数 ………………………………………………… 28
　2.2　三角関数の重ね合わせ …………………………………… 34
　2.3　フーリエ展開その1 ……………………………………… 37
　2.4　フーリエ展開その2 ……………………………………… 43
　2.5　フーリエ級数の収束性 …………………………………… 47
　2.6　ベッセルの不等式とパーセバルの等式 ………………… 53

3. フーリエ変換 ……………………………………………… 57
　3.1　フーリエの積分定理 ……………………………………… 57
　3.2　フーリエ変換 ……………………………………………… 60
　3.3　フーリエ変換の性質 ……………………………………… 64

4. 直交関数と一般のフーリエ展開 ………………………… 70
　4.1　直交関数系 ………………………………………………… 70
　4.2　一般のフーリエ級数 ……………………………………… 72
　4.3　スツルム・リュービル型固有値問題 …………………… 75

5. 数理物理学に現れる偏微分方程式 ············· 84
5.1 線形偏微分方程式 ····················· 84
5.2 偏微分方程式の標準形 ················· 87
5.3 偏微分方程式の物理現象からの導出 ····· 94
5.4 偏微分方程式の解の性質 ··············· 98

6. 変数分離法による解法 ····················· 107
6.1 1次元波動方程式 ····················· 107
6.2 ラプラス方程式 ······················· 113
6.3 熱伝導方程式その1 ··················· 115
6.4 熱伝導方程式その2 ··················· 119

7. いろいろな境界値問題 ····················· 122
7.1 円形領域におけるラプラス方程式 ······· 122
7.2 円形膜の振動 ························· 128
7.3 球形領域での境界値問題 ··············· 132

8. 種々の解法 ······························· 137
8.1 固有関数展開法 ······················· 137
8.2 フーリエ変換による解法 ··············· 143
8.3 ラプラス変換による解法 ··············· 145
8.4 グリーン関数 ························· 147

付　録 ····································· 154
ラプラス逆変換と留数定理 ····················· 154

略　解 ····································· 158

索　引 ····································· 167

ラプラス変換

1.1 ラプラス変換

$t > 0$ において関数 $f(t)$ が定義されているとき,複素数または実数のパラメータ s を含む積分

$$F(s) = \int_0^\infty e^{-st} f(t) dt \tag{1.1}$$

を考える.式 (1.1) の右辺は t に関する定積分であり,積分すれば t は消えて s だけが残るためそれを $F(s)$ と書いている.この $F(s)$ のことを関数 $f(t)$ のラプラス (Laplace) 変換とよび,

$$F(s) = L[f(t)], \qquad F(s) = L[f] \tag{1.2}$$

などと記す.すなわち f のラプラス変数 F は次式で定義される.

$$F(s) = L[f(t)] = \int_0^\infty e^{-st} f(t) dt$$

このような変換を導入する理由として,関数 $f(t)$ に対する問題が関数 $F(s)$ に対する問題に置き換えられることがあげられる.このようにして問題が簡単化されれば変換した意味がある.しかし,変換が実際に役立つものであるためには $F(s)$ から $f(t)$ にもどす手続きも必要になる.この手続きをラプラス逆変換とよび,記号

$$f(t) = L^{-1}[F(s)], \qquad f(t) = L^{-1}[F] \tag{1.3}$$

などで表す.式 (1.1) に対応するような,ラプラス逆変換の具体的な計算式は付録に与える.

ラプラス変換を実際に計算する場合には次の例題の関係が役立つ．

例題 1.1
$\mathrm{Re}(s) > 0$ のとき

$$\lim_{t\to\infty} t^n e^{-st} = 0 \qquad (n = 0, 1, 2, \cdots) \tag{1.4}$$

が成り立つことを示せ．

【解】 $s = a + ib$ とおくと，条件から $\mathrm{Re}(s) = a > 0$ である．$t > 0$ であることを考慮すれば

$$|t^n e^{-st}| = |t^n e^{-at}||e^{-ibt}| = t^n e^{-at}$$

となる．そこで，ロピタル（L'Hôpital）の定理を続けて使えば

$$\begin{aligned}\lim_{t\to\infty} |t^n e^{-st}| &= \lim_{t\to\infty} t^n e^{-at} = \lim_{t\to\infty} \frac{t^n}{e^{at}} \\ &= \lim_{t\to\infty} \frac{nt^{n-1}}{ae^{at}} = \cdots = \lim_{t\to\infty} \frac{n!}{a^n e^{at}} = 0\end{aligned}$$

この例題を用いて，$t^n (n = 0, 1, 2, \cdots)$ のラプラス変換を求めてみよう．$I_n = L[t^n]$ と記すことにすれば

$$I_n = \int_0^\infty t^n e^{-st} dt = \left[-\frac{1}{s} t^n e^{-st}\right]_0^\infty + \frac{n}{s} \int_0^\infty t^{n-1} e^{-st} dt$$

となる．そこで，$\mathrm{Re}(s) > 0$ であれば，式 (1.4) から右辺第 1 項は 0 になり，また右辺第 2 項の積分は I_{n-1} である．したがって，漸化式

$$I_n = \frac{n}{s} I_{n-1}$$

が得られる．一方，$\mathrm{Re}(s) > 0$ のとき（式 (1.4) で $n = 0$ の場合を用いて）

$$I_0 = \int_0^\infty e^{-st} dt = \left[-\frac{1}{s} e^{-st}\right]_0^\infty = \frac{1}{s}$$

となる．したがって，

$$I_n = \frac{n}{s} I_{n-1} = \frac{n}{s} \frac{n-1}{s} I_{n-2} = \cdots = \frac{n!}{s^n} I_0 = \frac{n!}{s^{n+1}}$$

となる. まとめれば,

$$L[t^n] = \frac{n!}{s^{n+1}} \qquad (n = 0, 1, 2, \cdots; \quad \mathrm{Re}(s) > 0) \tag{1.5}$$

となる ($0! = 1$ であるから上式は $n = 0$ のときも使える).

次に指数関数 e^{at} のラプラス変換を求めてみよう. 定義から

$$L[e^{at}] = \int_0^\infty e^{at} e^{-st} dt = \int_0^\infty e^{(a-s)t} dt = \left[\frac{1}{a-s} e^{(a-s)t} \right]_0^\infty$$

となるので, $\mathrm{Re}(a-s) < 0$ のとき (すなわち, $\mathrm{Re}(s) > a$ のとき) 積分が存在して $1/(s-a)$ となる. したがって, a が実数ならば,

$$L[e^{at}] = \frac{1}{s-a} \qquad (\mathrm{Re}(s) > a) \tag{1.6}$$

となる. また a が純虚数のときは $a = i\omega$ とおくと

$$L[e^{i\omega t}] = \frac{1}{s - i\omega} = \frac{s + i\omega}{s^2 + \omega^2} \qquad (\mathrm{Re}(s) > 0)$$

となる. ただし, $\mathrm{Re}(s) > 0$ という条件は $\mathrm{Re}(a-s) = \mathrm{Re}(i\omega - s) = -\mathrm{Re}(s) < 0$ より得られる. この式の実部と虚部から

$$L[\cos \omega t] = \frac{s}{s^2 + \omega^2} \qquad (\mathrm{Re}(s) > 0) \tag{1.7}$$

$$L[\sin \omega t] = \frac{\omega}{s^2 + \omega^2} \qquad (\mathrm{Re}(s) > 0) \tag{1.8}$$

となる. ただし後述のラプラス変換の線形性 (式 (1.13)) を用いている.

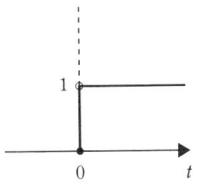

図 1.1 $U(t)$ のグラフ

単位階段関数とよばれる関数 $U(t)$ を図 1.1 に示すように

$$U(t) = 0 \quad (t \leq 0), \qquad U(t) = 1 \quad (t > 0) \tag{1.9}$$

で定義する．また，$a > 0$ としたとき，$U(t-a)$ は図1.2に示すように $U(t)$ を右に a だけ平行移動した関数である．これらは区分的に連続*な関数であり，ラプラス変換は，定義から

$$L[U(t-a)] = \int_0^a 0 \cdot e^{-st} dt + \int_a^\infty 1 \cdot e^{-st} dt = \left[-\frac{1}{s} e^{-st}\right]_a^\infty = \frac{e^{-as}}{s}$$

となる．すなわち，

$$L[U(t-a)] = \frac{e^{-as}}{s} \quad \left(\text{特に } L[U(t)] = \frac{1}{s}\right) \quad (1.10)$$

である．

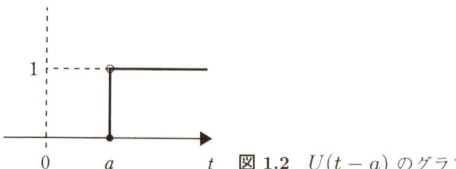

図 1.2 $U(t-a)$ のグラフ

◇**問 1.1**◇　次式が成り立つことを示せ．

$$\begin{cases} (1) \ L[\sinh \omega t] = \dfrac{\omega}{s^2 - \omega^2}, \\ (2) \ L[\cosh \omega t] = \dfrac{s}{s^2 - \omega^2} \end{cases} \quad (\mathrm{Re}(s) > |\omega|) \quad (1.11)$$

1.2　ラプラス変換の存在

積分 (1.1) は半無限区間での積分なので，任意の関数 $f(t)$ に対して存在するわけではなく，ある制限がつく．これに関しては以下の事実が知られている．すなわち，

関数 $f(t)$ が $t \geq 0$ において区分的に連続であり，また十分に大きな正の定数 T に対して，正数 M, γ が存在して，すべての $t > T$ に対して

$$|f(t)| < M e^{\gamma t} \quad (1.12)$$

---

*　区分的に連続という用語については 2.5 節を参照．

が成り立つならば，すべての $\mathrm{Re}(s) > \gamma$ に対して $f(t)$ のラプラス変換 (1.1) が存在する．

このことを示すためには以下のようにすればよい．いま，$0 < T < T_0$ としたとき

$$\int_0^{T_0} f(t)e^{-st}dt = \int_0^T f(t)e^{-st}dt + \int_T^{T_0} f(t)e^{-st}dt$$

において，右辺第1項は $f(t)$ が区分的に連続であるから存在する．一方，右辺第2項については，仮定から十分に大きな $T > 0$ に対して式 (1.12) が成り立つため，$\mathrm{Re}(s) = a$ とおくと

$$\left| \int_T^{T_0} f(t)e^{-st}dt \right| \leq \int_T^{T_0} |f(t)|e^{-at}dt < M \int_T^{T_0} e^{-(a-\gamma)t}dt$$

$$= \left[\frac{-M}{a-\gamma} e^{-(a-\gamma)t} \right]_T^{T_0} = \frac{M}{a-\gamma}(e^{-(a-\gamma)T} - e^{-(a-\gamma)T_0})$$

となる．ここで $a > \gamma$ であれば，最右辺の第2項は $T_0 \to \infty$ のとき 0 になる．また，$a > \gamma$ であれば，$T \to \infty$ のとき $e^{-(a-\gamma)T} \to 0$ となり，上式の左辺はいくらでも小さくなる．このことは $\mathrm{Re}(s) > \gamma$ を満たす任意の複素数に対してラプラス変換 (1.1) が存在することを示している．

さらに，この事実から想像できるように，$f(t)$ のラプラス変換 $F(s) = L[f(t)]$ が点 $s = s_0$ で存在すれば，$\mathrm{Re}(s) > \mathrm{Re}(s_0)$ を満足する任意の複素数 s について $F(s)$ が存在することが知られている．そこで，$\mathrm{Re}(s) > a$ となる複素数に対して $F(s) = L[f]$ が存在するという実数 a の下限を α としたとき，この α をラプラス変換 (1.1) の収束座標とよぶ．このとき $\mathrm{Re}(s) > \alpha$（複素平面上の半平面）でラプラス変換が存在するが，この領域をラプラス変換の収束域という．

1.3 ラプラス変換の性質

本節ではラプラス変換の性質のうち基本的なものについて調べる．まず，ラプラス変換は線形の演算である．すなわち，$f_1(t)$ と $f_2(t)$ がラプラス変換 $F_1(s)$ と $F_2(s)$ をもち，また a と b を定数とすれば

$$L[af_1 + bf_2] = aL[f_1] + bL[f_2] = aF_1(s) + bF_2(s) \tag{1.13}$$

が成り立つ．このことは，ラプラス変換の定義式から

$$\begin{aligned}
L[af_1 + bf_2] &= \int_0^\infty e^{-st}(af_1(t) + bf_2(t))dt \\
&= a\int_0^\infty e^{-st}f_1(t)dt + b\int_0^\infty e^{-st}f_2(t)dt \\
&= aL[f_1] + bL[f_2]
\end{aligned}$$

のように確かめられる．

次に $a > 0$ のとき，相似性とよばれる

$$Lf(at) = \frac{1}{a}F\left(\frac{s}{a}\right) \tag{1.14}$$

が成り立つ．なぜなら，$\tau = at$ とおけば

$$L[f(at)] = \int_0^\infty e^{-st}f(at)dt = \frac{1}{a}\int_0^\infty e^{-s\tau/a}f(\tau)d\tau = \frac{1}{a}F\left(\frac{s}{a}\right)$$

となるからである．また，U を式 (1.9) で定義される単位階段関数とすれば

$$L[e^{at}f(t)] = F(s-a) \tag{1.15}$$

$$L[f(t-a)U(t-a)] = e^{-as}F(s) \tag{1.16}$$

が成り立つ．ただし式 (1.16) では $a \geq 0$ とする．これらも以下のようにして証明できる．

$$L[e^{at}f(t)] = \int_0^\infty e^{-st}e^{at}f(t)dt = \int_0^\infty e^{-(s-a)}f(t)dt = F(s-a)$$

$$\begin{aligned}
L[f(t-a)U(t-a)] &= \int_0^\infty e^{-st}f(t-a)U(t-a)dt \\
&= \int_a^\infty e^{-s(t-a)-sa}f(t-a)d(t-a) \quad (\tau = t-a) \\
&= e^{-sa}\int_0^\infty e^{-s\tau}f(\tau)d\tau = e^{-sa}L[f(t)]
\end{aligned}$$

なお，関数 $f(t-a)U(t-a)$ は図 1.3 に示すように，関数 $f(t)$ を右に a だけ平行移動したあと，$t = a$ より左の部分を 0 とした関数である．

次に微分と積分に関する性質について述べる．まず，

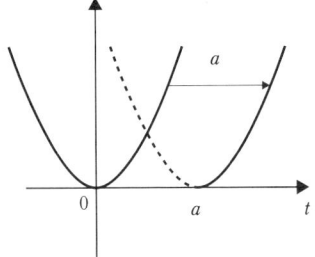

図 1.3 $f(t)$ と $f(t)U(t-a)$ のグラフ

$$L[f'(t)] = sF(s) - f(+0) \qquad (1.17)$$

が成り立つ．なぜなら

$$\begin{aligned}L[f'(t)] &= \int_0^\infty e^{-st}f'(t)dt = \left[e^{-st}f(t)\right]_0^\infty + s\int_0^\infty e^{-st}f(t)dt \\ &= \lim_{t\to\infty} e^{-st}f(t) - f(+0) + sF(s)\end{aligned}$$

となるが，最右辺の第 1 項は，十分に大きい $t>0$ に対して $|f(t)|<Me^{\gamma t}$ であれば，$\mathrm{Re}(s)>\gamma$ のとき $\lim_{t\to\infty} e^{-st}f(t)=0$ となるからである．

2 階微分に対しては

$$\begin{aligned}L[f''(t)] &= \int_0^\infty e^{-st}f''(t)dt = \left[e^{-st}f'(t)\right]_0^\infty + s\int_0^\infty e^{-st}f'(t)dt \\ &= -f'(+0) + sL[f'(t)] = s^2F(s) - f(+0)s - f'(+0)\end{aligned}$$

となる．同様に考えれば n 階微分のラプラス変換は

$$L[f^{(n)}] = s^n F(s) - f(+0)s^{n-1} - f'(+0)s^{n-2} - \cdots - f^{(n-1)}(+0) \qquad (1.18)$$

となる．$f^{(1)}=f'$, $f^{(0)}=f$ であるから，式 (1.18) は特殊な場合として式 (1.17) を含んでいる．

積分のラプラス変換については

$$L\left[\int_0^t f(t)dt\right] = \frac{F(s)}{s} \qquad (1.19)$$

となる．なぜなら

$$L\left[\int_0^t f(t)dt\right] = \int_0^\infty e^{-st}\left(\int_0^t f(\tau)d\tau\right)dt$$
$$= \left[-\frac{1}{s}e^{-st}\int_0^t f(\tau)d\tau\right]_0^\infty + \frac{1}{s}\int_0^\infty e^{-st}f(t)dt = \frac{F(s)}{s}$$

同様に n 回の積分については

$$L\left[\int_0^t \cdots \int_0^t f(t)dt\cdots dt\right] = \frac{F(s)}{s^n} \tag{1.20}$$

となる．微分の場合とは異なり，これらの公式には $f(+0)$ などは現れない．

微分や積分については以下の公式も成り立つ．

$$L[tf(t)] = -\frac{dF(s)}{ds} \tag{1.21}$$
$$L\left[\frac{f(t)}{t}\right] = \int_s^\infty F(s)ds \tag{1.22}$$

これらの公式が成り立つことは以下のようにして示せる．

$$-\frac{dF(s)}{ds} = -\frac{d}{ds}\int_0^\infty e^{-st}f(t)dt = -\int_0^\infty \frac{\partial}{\partial s}(e^{-st}f(t))dt$$
$$= \int_0^\infty e^{-st}(tf(t))dt = L[tf(t)]$$

$$\int_s^\infty F(s)ds = \int_s^\infty \left(\int_0^\infty e^{-st}f(t)dt\right)ds = \int_0^\infty f(t)\left(\int_s^\infty e^{-st}ds\right)dt$$
$$= \int_0^\infty f(t)\left[-\frac{e^{-st}}{t}\right]_s^\infty dt = \int_0^\infty e^{-st}\frac{f(t)}{t}dt = L\left[\frac{f(t)}{t}\right]$$

2つの関数 f と g のラプラス変換を F と G としたとき，式 (1.13) から $F+G = L[f+g]$ が成り立った．それでは，積 FG はどうなるであろうか．残念ながら，これは fg のラプラス変換にはならない．この FG が何に対するラプラス変換になっているかを調べるために，次式で定義される合成積

$$f*g = \int_0^t f(\tau)g(t-\tau)d\tau \tag{1.23}$$

を導入する．合成積に対しては交換法則

$$f*g = g*f$$

1.3 ラプラス変換の性質

が成り立つ．なぜなら，$t - \tau = \lambda$ とおけば

$$f * g = \int_0^t f(\tau)g(t-\tau)d\tau = \int_t^0 f(t-\lambda)g(\lambda)d(-\lambda)$$
$$= \int_0^t g(\lambda)f(t-\lambda)d\lambda = g * f$$

となるからである．

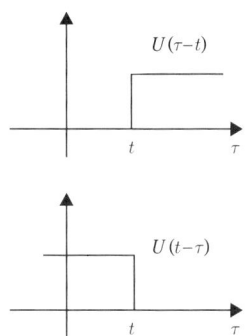

図 1.4 $U(t-\tau)$ のグラフ

このように定義された合成積に対して

$$L[f * g] = L[g * f] = L[f]L[g] \tag{1.24}$$

が成り立つ．証明は以下のようにする（図 1.4 参照）．

$$L[f*g] = L[g*f] = L\left[\int_0^t g(\tau)f(t-\tau)d\tau\right] = \int_0^\infty e^{-st}dt \int_0^t f(t-\tau)g(\tau)d\tau$$
$$= \int_0^\infty e^{-st}dt \int_0^\infty f(t-\tau)U(t-\tau)g(\tau)d\tau$$
$$= \int_0^\infty g(\tau)d\tau \int_0^\infty e^{-st}f(t-\tau)U(t-\tau)dt$$
$$= \int_0^\infty g(\tau)d\tau \int_\tau^\infty e^{-st}f(t-\tau)dt$$
$$= \int_0^\infty g(\tau)d\tau \int_\tau^\infty e^{-s(t-\tau)-s\tau}f(t-\tau)d(t-\tau) \quad (\lambda = t - \tau)$$
$$= \int_0^\infty e^{-s\tau}g(\tau)d\tau \int_0^\infty e^{-s\lambda}f(\lambda)d\lambda = L[g]L[f]$$

本節で導いた以上の公式をまとめれば次のようになる．

[ラプラス変換の性質]

(1) $L[af_1 + bf_2] = aL[f_1] + bL[f_2] = aF_1(s) + bF_2(s)$

(2) $Lf(at) = \dfrac{1}{a} F\left(\dfrac{s}{a}\right) \quad (a > 0)$

(3) $L[e^{at} f(t)] = F(s - a)$

(4) $L[f(t - a)U(t - a)] = e^{-as} F(s) \quad (a \geq 0)$

(5) $L[f^{(n)}] = s^n F(s) - f(+0)s^{n-1} - f'(+0)s^{n-2} - \cdots - f^{(n-1)}(+0)$

(6) $L\left[\displaystyle\int_0^t f(t)dt\right] = \dfrac{F(s)}{s}$

(7) $L[tf(t)] = -\dfrac{dF(s)}{ds}$

(8) $L\left[\dfrac{f(t)}{t}\right] = \displaystyle\int_s^\infty F(s)ds$

(9) $L[f * g] = L[g * f] = L[f]L[g]$

これらの公式は，以下の例題に示すようにラプラス変換の計算や次節に示すラプラス逆変換に有効に利用される．

例題 1.2

次の関数をラプラス変換せよ．ただし，$a > 0$ とする．
(1) $e^{at} t^n \quad (n = 0, 1, 2 \cdots)$, (2) $e^{at} \sin \omega t$, (3) $e^{at} \cos \omega t$

【解】 式 (1.5), (1.7), (1.8) およびラプラス変換の性質 (1) と (3) などから
(1) $L[e^{at} t^n] = \dfrac{n!}{(s - a)^{n+1}}$
(2) $L[e^{at} \sin \omega t] = \dfrac{\omega}{(s - a)^2 + \omega^2}$
(3) $L[e^{at} \cos \omega t] = \dfrac{s - a}{(s - a)^2 + \omega^2}$

例題 1.3

関数 $x = e^{at}$ は微分方程式 $x' - ax = 0$ の $x(0) = 1$ を満足する解であることを利用して，e^{at} のラプラス変換を求めよ．

【解】 微分方程式をラプラス変換すれば，性質 (5) から

$$(sX - x(0)) - aX = 0$$

となる．ただし $L[x] = X$ と記している．初期条件を考慮して

$$(s-a)X = 1 \text{ より}, \qquad X = L[e^{at}] = \frac{1}{s-a}$$

例題 1.4
次の関数をラプラス変換せよ．ただし，$a > 0$ とする．

(1) $L\left[\dfrac{\sin t}{t}\right]$, (2) $L\left[\displaystyle\int_0^t \dfrac{\sin t}{t} dt\right]$

【解】 (1) 式 (1.8) から

$$L[\sin t] = \frac{1}{s^2 + 1}$$

したがって，性質 (8) を用いて

$$L\left[\frac{\sin t}{t}\right] = \int_s^\infty \frac{1}{s^2+1} ds = \left[\tan^{-1} s\right]_s^\infty = \frac{\pi}{2} - \tan^{-1} s$$

(2) 性質 (6) と上式から

$$L\left[\int_0^t \frac{\sin t}{t} dt\right] = \frac{1}{s} L\left[\frac{\sin t}{t}\right] = \frac{1}{s}\left(\frac{\pi}{2} - \tan^{-1} s\right)$$

例題 1.5
次の関数のラプラス変換を求めよ．

(1) $\displaystyle\int_0^t \cos a(t-\tau) \sin a\tau d\tau$, (2) $\displaystyle\int_0^t \cosh a(t-\tau) \sinh a\tau d\tau$

【解】
(1) $F\left[\displaystyle\int_0^t \cos a(t-\tau) \sin a\tau d\tau\right] = F[\cos at * \sin at]$
$= F[\cos at] F[\sin at] = \dfrac{as}{(s^2+a^2)^2}$

(2) $F\left[\int_0^t \cosh a(t-\tau)\sinh a\tau d\tau\right] = F[\cosh at * \sinh at]$
$= F[\cosh at]F[\sinh at] = \dfrac{as}{(s^2-a^2)^2}$

◇問 **1.2**◇ 次の関数のラプラス変換を求めよ．
(1) $2+3e^{-t}$,　(2) $3\sin 2t + 2\cosh t$,　(3) $e^{2t}\sin 3t$

◇問 **1.3**◇ 次の関数のラプラス変換を求めよ．
(1) $(1-e^{-t})/t$,　(2) $t\sin 2t$

◇問 **1.4**◇ 次の関数のラプラス変換を求めよ．
(1) $\sin t * \cos t$,　(2) $t * te^{-t}$

表 1.1 に代表的な関数のラプラス変換をまとめておく．

表 **1.1** 代表的な関数のラプラス変換

$f(t)$	$F(s)=L[f]$	$f(t)$	$F(s)=L[f]$
1	$\dfrac{1}{s}$	$\cosh at$	$\dfrac{s}{s^2-a^2}$
t^n	$\dfrac{n!}{s^{n+1}}$	$t\sin\omega t$	$\dfrac{2\omega s}{(s^2+\omega^2)^2}$
e^{at}	$\dfrac{1}{s-a}$	$t\cos\omega t$	$\dfrac{s^2-\omega^2}{(s^2+\omega^2)^2}$
$\sin\omega t$	$\dfrac{\omega}{s^2+\omega^2}$	$e^{at}\sin\omega t$	$\dfrac{\omega}{(s-a)^2+\omega^2}$
$\cos\omega t$	$\dfrac{s}{s^2+\omega^2}$	$e^{at}\cos\omega t$	$\dfrac{s-a}{(s-a)^2+\omega^2}$
$t^n e^{at}$	$\dfrac{n!}{(s-a)^{n+1}}$	$U(t-a)$　$(a>0)$	$\dfrac{1}{s}e^{-at}$
$\sinh at$	$\dfrac{a}{s^2-a^2}$	$\delta(t-a)$　$(a>0)$	e^{-as}

1.4　ラプラス逆変換

本節では，ある関数 $f(t)$ のラプラス変換 $F(s)$ が与えられているとき，逆に $F(s)$ から $f(t)$ を求めることを考える．このような手続きのことをラプラス逆変換とよび，記号

1.4 ラプラス逆変換

$$f(t) = L^{-1}[F(s)]$$

と記すことは 1.1 節ですでに述べた．そして具体的には付録で述べるように複素積分の応用として計算可能である．しかし，前節で述べたラプラス変換の性質から導かれるラプラス逆変換の性質を利用すれば複素積分を行うことなく逆変換が求まることも多い．本節ではそのような場合を取り扱う．

まず代表的な関数に対してラプラス変換を求めておけば，それを逆に使うことによってラプラス逆変換がただちに求まる．すなわち，表 1.1 を，表の右にある関数の逆変換が表の左にある関数であると解釈すればよい．ただし，あまり見やすくないため，左右を逆にして少し変形したものを表 1.2 に載せておく．この表から，たとえば

$$L^{-1}\left[\frac{1}{(s+a)^n}\right] = \frac{t^{n-1}}{(n-1)!}e^{-at}$$

であることがわかる．

次にラプラス逆変換は線形である．すなわち，a と b を定数とすれば

表 1.2 代表的な関数のラプラス逆変換

$F(s)$	$f(t) = L^{-1}[F]$	$F(s)$	$f(t) = L^{-1}[F]$
$\frac{1}{s}$	1	$\frac{1}{(s-a)^2+\omega^2}$	$\frac{1}{\omega}e^{at}\sin\omega t$
$\frac{1}{s^{n+1}}$	$\frac{t^n}{n!}$	$\frac{s-a}{(s-a)^2+\omega^2}$	$e^{at}\cos\omega t$
$\frac{1}{s-a}$	e^{at}	$\frac{1}{(s+a)(s+b)}$	$\frac{1}{b-a}(e^{-at}-e^{-bt})$
$\frac{1}{s^2+\omega^2}$	$\frac{1}{\omega}\sin\omega t$	$\frac{1}{(s+a)(s^2+b^2)}$	$\frac{1}{a^2+b^2}(e^{-at}+\frac{a}{b}\sin bt - \cos bt)$
$\frac{s}{s^2+\omega^2}$	$\cos\omega t$	$\frac{s}{(s+a)^2}$	$e^{-at}(1-at)$
$\frac{1}{(s-a)^2}$	te^{at}	$\frac{s}{(s+a)(s+b)^2}$	$\frac{ae^{-at}}{(a-b)^2}+\left\{\frac{-bt}{a-b}+\frac{a}{(a-b)^2}\right\}e^{-bt}$
$\frac{1}{s^2-a^2}$	$\frac{1}{a}\sinh at$	$\frac{1}{(s+a)^n}$	$\frac{t^{n-1}}{(n-1)!}e^{-at}$
$\frac{s}{s^2-a^2}$	$\cosh at$	$\frac{1}{s}e^{-as}\quad(a>0)$	$U(t-a)$
$\frac{s}{(s^2+\omega^2)^2}$	$\frac{t}{2\omega}\sin\omega t$	$e^{-as}\quad(a>0)$	$\delta(t-a)$
$\frac{s^2-\omega^2}{(s^2+\omega^2)^2}$	$t\cos\omega t$		

$$L^{-1}[aF(s) + bG(s)] = aL^{-1}[F(s)] + bL^{-1}[G(s)] \tag{1.25}$$

が成り立つ．なぜなら，式 (1.25) の両辺のラプラス変換をとってラプラス変換が線形の演算（式 (1.13)）であることを用いれば，両辺とも $aF(s) + bF(s)$ となるからである．このことを使えば表に載っていないような多くの関数に対してラプラス逆変換が求まる．

以下，この線形性と表 1.2 を用いてラプラス逆変換を求める方法を例題をとおして説明する．

例題 1.6

次の関数のラプラス逆変換を求めよ．

(1) $\dfrac{1}{3s+1}$, (2) $\dfrac{1}{(2s-1)^3}$, (3) $\dfrac{1}{s-3} + \dfrac{1}{s^2+4}$

【解】
(1) $L^{-1}\left[\dfrac{1}{3s+1}\right] = \dfrac{1}{3}L^{-1}\left[\dfrac{1}{s+1/3}\right] = \dfrac{1}{3}e^{-t/3}$

(2) $L^{-1}\left[\dfrac{1}{(2s-1)^3}\right] = \dfrac{1}{8}L^{-1}\left[\dfrac{1}{(s-1/2)^3}\right] = \dfrac{1}{8}\dfrac{t^{3-1}}{(3-1)!}e^{t/2} = \dfrac{t^2}{16}e^{t/2}$

(3) $L^{-1}\left[\dfrac{1}{s-3} + \dfrac{1}{s^2+4}\right] = L^{-1}\left[\dfrac{1}{s-3}\right] + L^{-1}\left[\dfrac{1}{s^2+2^2}\right]$
$= e^{3t} + \dfrac{1}{2}\sin 2t$

◇問 1.5◇　次の関数のラプラス逆変換を求めよ．

(1) $\dfrac{1}{s-3} + \dfrac{1}{2s-1}$, (2) $\dfrac{1}{(2s-5)^4}$, (3) $\dfrac{1}{s^2-2s+2}$

有理関数のラプラス逆変換は，次の例題に示すように部分分数に分解して求める．

例題 1.7

次の関数のラプラス逆変換を求めよ．

(1) $\dfrac{1}{s^2-3s+2}$, (2) $\dfrac{s}{s^2-3s+2}$, (3) $\dfrac{s+1}{s(s^2+s-6)}$

【解】

(1) $L^{-1}\left[\dfrac{1}{s^2-3s+2}\right] = L^{-1}\left[\dfrac{1}{(s-1)(s-2)}\right]$
$= L^{-1}\left[\dfrac{1}{s-2}\right] - L^{-1}\left[\dfrac{1}{s-1}\right] = e^{2t} - e^{t}$

(2) $L^{-1}\left[\dfrac{s}{s^2-3s+2}\right] = L^{-1}\left[\dfrac{2}{s-2} - \dfrac{1}{s-1}\right] = 2e^{2t} - e^{t}$

(3) $\dfrac{s+1}{s(s^2+s-6)} = \dfrac{A}{s} + \dfrac{B}{s-2} + \dfrac{C}{s+3}$

とおいて A, B, C を決めると $A = -1/6, B = 3/10, C = -2/15$ となる．したがって，

$$L^{-1}\left[\dfrac{s+1}{s(s^2+s-6)}\right] = -\dfrac{1}{6} + \dfrac{3}{10}e^{2t} - \dfrac{2}{15}e^{-3t}$$

例題 **1.8**

（ヘビサイド（**Heaviside**）の展開定理）

$P(s)$ と $Q(s)$ が m 次および n 次多項式で $m < n$ とする．$Q(s) = 0$ が相異なる n 個の根 $a_1, \cdots, a_n$ をもつ場合には

$$L^{-1}\left[\dfrac{P(s)}{Q(s)}\right] = \sum_{j=1}^{n} \dfrac{P(a_j)}{Q'(a_j)} e^{a_j t} \tag{1.26}$$

が成り立つことを示せ．

【解】 $Q(s) = A(s-a_1)\cdots(a-a_n)$ であり，$P(s)$ の次数が $Q(s)$ の次数より小さいため，P/Q は次のように部分分数に分解できる．

$$\dfrac{P(s)}{Q(s)} = \dfrac{c_1}{s-a_1} + \cdots + \dfrac{c_n}{s-a_n} = \sum_{j=1}^{n} \dfrac{c_j}{s-a_j} \tag{a}$$

このことを示すためには，P/Q を上式の右辺の形に仮定したとき，係数 $c_1, \cdots, c_n$ が実際に決まることを示せばよい．このとき，式 (a) の両辺のラプラス逆変換をとれば

$$L^{-1}\left[\dfrac{P}{Q}\right] = \sum_{j=1}^{n} c_j e^{a_j t} \tag{b}$$

となる．ただし，
$$L^{-1}\left[\frac{1}{s-a_j}\right] = e^{a_j t}$$
を用いた．

以下，式 (a) の c_j を求めるために，式 (a) の両辺に $s-a_k$ をかけた上で $s \to a_k$ とすれば
$$c_k = \lim_{s \to a_k} \frac{P(s)}{Q(s)}(s-a_k) = \lim_{s \to a_k} P(s) \lim_{s \to a_k} \frac{s-a_k}{Q(s)} = P(a_k)\frac{1}{Q'(a_k)}$$
となる．ただし，最後の等式を導くときはロピタルの定理を用いた．この関係を式 (a) に代入すれば式 (1.26) が得られる．

◇**問 1.6**◇　次の関数のラプラス逆変換を求めよ．

(1) $\dfrac{s-c}{(s-a)(s-b)}$　$(a \neq b)$,　(2) $\dfrac{s^2+1}{s^3+6s^2+11s+6}$

ラプラス変換の性質 (1.13)〜(1.23) から次のようなラプラス逆変換の性質が得られるが，これらの公式も逆変換を求めるとき役立つ．

$$L^{-1}F(s-a) = e^{at}f(t) \tag{1.27}$$
$$L^{-1}F(as) = \frac{1}{a}f\left(\frac{t}{a}\right) \quad (a > 0) \tag{1.28}$$
$$L^{-1}\frac{d^n F(s)}{ds^n} = (-t)^n f(t) \tag{1.29}$$
$$L^{-1}\left(\int_s^\infty F(s)ds\right) = \frac{f(t)}{t} \tag{1.30}$$
$$L^{-1}\left(\frac{F(s)}{s}\right) = \int_0^t f(t)dt \tag{1.31}$$

ただし，$L^{-1}F(s) = f(t)$ としている．

例題 1.9

上にあげた性質を利用して次の関数のラプラス逆変換を求めよ．

(1) $\dfrac{s}{(s^2+a^2)^2}$ $(a>0)$,　(2) $\log \dfrac{2s-1}{2s}$

【解】　(1) $\dfrac{s}{(s^2+a^2)^2} = \dfrac{d}{ds}\left(-\dfrac{1}{2}\dfrac{1}{s^2+a^2}\right)$,

一方, $L^{-1}\left[-\dfrac{1}{2}\dfrac{1}{s^2+a^2}\right] = -\dfrac{1}{2a}\sin at$

したがって, 式 (1.29) から

$$L^{-1}\left[\dfrac{d}{ds}\left(-\dfrac{1}{2}\dfrac{1}{s^2+a^2}\right)\right] = \dfrac{t}{2a}\sin at$$

(2) $\log \dfrac{2s-1}{2s} = \log\left(s-\dfrac{1}{2}\right) - \log s = -\displaystyle\int_s^\infty \left(\dfrac{1}{s-1/2} - \dfrac{1}{s}\right)ds$

一方, $L^{-1}\left[\dfrac{1}{s-1/2} - \dfrac{1}{s}\right] = e^{t/2} - 1$ であるから, 式 (1.30) を用いて

$$L^{-1}\left[\log\dfrac{2s-1}{2s}\right] = L^{-1}\left[-\int_s^\infty\left(\dfrac{1}{s-1/2}-\dfrac{1}{s}\right)ds\right] = -\dfrac{1}{t}(e^{t/2}-1)$$

◇問 **1.7**◇　次の関数のラプラス逆変換を求めよ.
　(1) $\dfrac{s}{(s-3)^2+4}$,　　(2) $\dfrac{s}{(s^2-a^2)^2}$

1.5　定数係数常微分方程式の初期値問題

ラプラス変換, 逆変換は定数係数常微分方程式の初期値問題を解く場合に有効に利用される. はじめに, 例として, 2 階微分方程式の初期値問題

$$\dfrac{d^2x}{dt^2} + 4\dfrac{dx}{dt} - 5x = e^{2t}$$

$$x(0) = 0, \quad x'(0) = 1$$

を考える. この問題を解くために微分方程式をラプラス変換してみよう. このとき, 左辺には式 (1.18), 右辺には表 1.1 を用いると

$$(s^2 X - x(0)s - x'(0)) + 4(sX - x(0)) - 5X = \dfrac{1}{s-2}$$

となる．ただし，$L(x) = X$ とおいている．ここで初期条件を代入すれば

$$(s^2 + 4s - 5)X = \frac{1}{s-2} + 1 = \frac{s-1}{s-2}$$

となるが，これは X に関する 1 次方程式であるので，X について解くことができて

$$X = \frac{1}{(s+5)(s-2)} = \frac{1}{7}\left(\frac{1}{s-2} - \frac{1}{s+5}\right)$$

が得られる．そこで，ラプラス変換された関数 X が求まったため，もとの関数 x を求めるには X を逆変換すればよい．すなわち

$$x(t) = L^{-1}\left[\frac{1}{7}\left(\frac{1}{s-2} - \frac{1}{s+5}\right)\right] = \frac{1}{7}(e^{2t} - e^{-5t})$$

となる．これが微分方程式の初期条件を満足する解になっている．

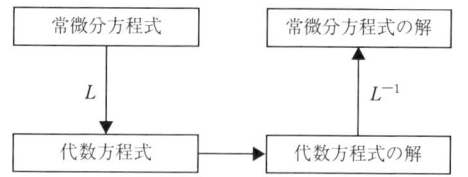

図 1.5 ラプラス変換による微分方程式の解法

このように定数係数の常微分方程式をラプラス変換すると代数方程式になるため簡単に解ける．最終的な解は初期条件を考慮した上で，代数方程式の解をラプラス逆変換すれば求まる（図 1.5）．

定数係数 n 階微分方程式

$$a_0 \frac{d^n x}{dt^n} + a_1 \frac{d^{n-1} x}{dt^{n-1}} + \cdots + a_{n-1} \frac{dx}{dt} + a_n x = f(t) \tag{1.32}$$

をラプラス変換すると

$$a_0\{s^n X - s^{n-1} x(+0) - \cdots - sx^{(n-2)}(+0) - x^{(n-1)}(+0)\} + \cdots$$
$$+ a_{n-1}\{sX - x(+0)\} + a_n X = F(s)$$

となる．この式は

$$Z(s) = a_0 s^n + \cdots + a_{n-1} s + a_n \tag{1.33}$$
$$G(s) = (a_0 s^{n-1} + \cdots + a_{n-2} s + a_{n-1}) x(+0) + \cdots$$
$$+ (a_0 s + a_1) x^{(n-2)}(+0) + a_0 x^{(n-1)}(+0) \tag{1.34}$$

とおけば
$$Z(s)X = F(s) + G(s) \tag{1.35}$$

となる．このとき，$Z(s)$ の形はもとの微分方程式 (1.32)) だけに関係して初期条件には無関係である．$Z(s)$ のことをインピーダンスという．一方，$G(s)$ は微分方程式の左辺と初期条件の両方に依存するが，微分方程式の右辺の関数 $f(t)$ には依存しない．また，初期条件がすべて 0 であれば $G(s)$ も 0 になる．

式 (1.35) から
$$x(t) = L^{-1}\left[\frac{F(s)}{Z(s)}\right] + L^{-1}\left[\frac{G(s)}{Z(s)}\right] \tag{1.36}$$

が得られる．このとき，式 (1.36) の右辺第 1 項は，もとの微分方程式で初期条件がすべて 0 であるような解と考えることができる．このような解を初期静止解という．一方，右辺第 2 項は，与えられた初期条件を満足する同次方程式

$$a_0 \frac{d^n x}{dt^n} + a_1 \frac{d^{n-1} x}{dt^{n-1}} + \cdots + a_{n-1} \frac{dx}{dt} + a_n x = 0$$

の解と解釈できる．

なお，式 (1.36) の右辺第 1 項は，合成積を用いると

$$\begin{aligned} L^{-1}\left[\frac{F(s)}{Z(s)}\right] &= L^{-1}\left[F(s) \cdot \frac{1}{Z(s)}\right] = (L^{-1}[F(s)]) * \left(L^{-1}\left[\frac{1}{Z(s)}\right]\right) \\ &= f(t) * \left(L^{-1}\left[\frac{1}{Z(s)}\right]\right) \end{aligned}$$

となるため，微分方程式の解は

$$x(t) = f(t) * \left(L^{-1}\left[\frac{1}{Z(s)}\right]\right) + L^{-1}\left[\frac{G(s)}{Z(s)}\right] \tag{1.37}$$

と書くことができる．

例題 1.10

ラプラス変換を利用して次の微分方程式の初期値問題を解け．

$$\frac{d^3 x}{dt^3} + \frac{d^2 x}{dt^2} = t, \qquad x(0) = 1, \qquad x'(0) = -1, \qquad x''(0) = 0$$

【解】 微分方程式をラプラス変換すれば初期条件を考慮して

$$(s^3 X - s^2 + s) + (s^2 X - s + 1) = \frac{1}{s^2}$$

したがって，$s^2(s+1)X = \dfrac{1}{s^2} + s^2 - 1 = s^2 + \dfrac{1-s^2}{s^2}$ より

$$X = \frac{1}{s+1} + \frac{1-s^2}{s^4(s+1)} = \frac{1}{s+1} - \frac{s-1}{s^4} = \frac{1}{s+1} + \frac{1}{s^4} - \frac{1}{s^3}$$

ゆえに

$$x = L^{-1}\left[\frac{1}{s+1} + \frac{1}{s^4} - \frac{1}{s^3}\right] = e^{-t} + \frac{t^3}{6} - \frac{t^2}{2}$$

◇問 **1.8**◇　ラプラス変換を利用して次の微分方程式の初期値問題を解け．
(1) $x'' + x = 0$, $x(0) = 1$, $x'(0) = 0$ 　(2) $x' - x = e^t$, $x(0) = 1$

例題 1.11

式 (1.37) を利用して初期値問題

$$\frac{d^2 x}{dt^2} + x = e^{-t^2}, \qquad x(+0) = x'(+0) = 0$$

を解け．

【解】　初期条件から，式 (1.37) において $G(s) = 0$ となる．また微分方程式から $Z(s) = s^2 + 1$ である．したがって，式 (1.37) から

$$x(t) = e^{-t^2} * L^{-1}\left[\frac{1}{s^2+1}\right] = e^{-t^2} * \sin t = \int_0^t e^{-\tau^2} \sin(t-\tau)d\tau$$

次の例題に示すように定数係数の連立微分方程式の初期値問題に対してもラプラス変換が応用できる．ただし，初期条件によって解をもたないこともあるため，解が得られたあとでもう一度条件を満足するかどうかを確かめる必要がある．

例題 1.12

次の連立微分方程式を初期条件 $x(+0) = 1$, $y(+0) = 1$ のもとで解いて $x(t)$ と $y(t)$ を求めよ．

$$\frac{dx}{dt} + x - y = e^t, \qquad \frac{dy}{dt} + 3x - 2y = 2e^t$$

【解】 微分方程式をラプラス変換して $L[x] = X$, $L[y] = Y$ とおくと

$$(sX - 1) + X - Y = \frac{1}{s-1}$$

$$(sY - 1) + 3X - 2Y = \frac{2}{s-1}$$

したがって

$$(s+1)X - Y = \frac{s}{s-1}$$

$$3X + (s-2)Y = \frac{s+1}{s-1}$$

となる．この方程式を X について解けば

$$X = \frac{s^2 - s + 1}{(s-1)(s^2 - s + 1)} = \frac{1}{s-1}$$

となるから，逆変換して

$$x = e^t$$

y は第 1 式から $y = x' + x - e^t$ となるため，これにここで求めた x を代入して

$$y = e^t$$

なお，この x と y は第 2 式を満足することが確かめられる．

◇問 1.9◇ 次の連立微分方程式を初期条件 $x(+0) = y(+0) = 0$ のもとで解け．

$$x' - 2y + 2x = 1, \qquad y' + x + 5y = 2$$

1.6 単位応答とデルタ応答

定数係数常微分方程式 (1.32) を（初期条件を与えて）解く場合，右辺の関数 $f(t)$ から解 $x(t)$ が定まる．そこで本節では，解 $x(t)$ を関数 $f(t)$ に対する「応

答」とみなすことにする．

さて，方程式 (1.32) の右辺の関数が $f(t)$ 単位階段関数 $U(t)$ である場合の初期静止解（初期条件が $x(+0) = x'(+0) = \cdots = x^{(n-1)}(+0) = 0$ である解，したがって $G(s) = 0$）を考える．このとき，この初期条件を満足する方程式 (1.32) の解は式 (1.36) より

$$x(t) = L^{-1}\left[\frac{1}{sZ(s)}\right]$$

となる．ただし，$L[U(t)] = 1/s$ を用いた．この解を単位応答とよぶことにして特に $g(t)$ と記すことにする．この定義から

$$L[g(t)] = \frac{1}{sZ(s)} \tag{1.38}$$

となる．

方程式 (1.32) の初期静止解は，式 (1.36) で $G(s) = 0$ とおいたものであるが，$f(t)$ が連続であれば式 (1.17) と式 (1.38) を考慮して，以下のような変形ができる：

$$\begin{aligned}L[x(t)] &= (sF(s))\left(\frac{1}{sZ(s)}\right) = \{L[f'(t)] + f(+0)\}L[g(t)] \\ &= L[f'(t)]L[g(t)] + f(+0)L[g(t)]\end{aligned}$$

したがって，

$$x(t) = f(+0)L^{-1}L[g(t)] + L^{-1}[L[f'(t) * g(t)]] = f(+0)g(t) + f'(t) * g(t)$$

すなわち，

$$x(t) = f(+0)g(t) + \int_0^t f'(\tau)g(t-\tau)d\tau \tag{1.39}$$

が成り立つ．この式は単位応答 $g(t)$ が既知であれば任意の $f(t)$ に対して初期静止解（応答）が求まることを示している．

同様に次のような変形も可能である：

$$\begin{aligned}L[x(t)] &= s(F(s))\left(\frac{1}{sZ(s)}\right) = sL[f(t)]L[g(t)] \\ &= sL[f*g] = L\left[\frac{d}{dt}(f*g)\right]\end{aligned}$$

ただし，ラプラス変換の性質 (5) と，$t=0$ のとき $f*g=0$ であることをを用いた．これから
$$x(t) = \frac{d}{dt}(f(t) * g(t))$$
すなわち，
$$x(t) = \frac{d}{dt}\int_0^t f(\tau)g(t-\tau)d\tau \tag{1.40}$$
が得られる．

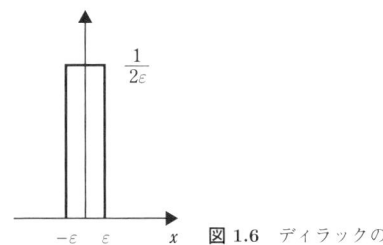

図 1.6　ディラックの δ 関数 $(\varepsilon \to 0)$

[デルタ関数]

図 1.6 に示すような関数 δ_ε，すなわち
$$\delta_\varepsilon(x) = \begin{cases} \dfrac{1}{2\varepsilon} & (-\varepsilon \leq x \leq \varepsilon) \\ 0 & (x < -\varepsilon, \ \varepsilon < x) \end{cases}$$
を考える．この関数と x 軸に挟まれた部分は，横の長さが 2ε, 縦の長さが $1/(2\varepsilon)$ の長方形なので，面積は ε の値によらず 1 である．また，$\delta_\varepsilon(x-a)$ は $\delta_\varepsilon(x)$ を右に a だけ平行移動した関数である．

ε が十分に小さいとき，積分
$$\int_{-\infty}^{\infty} f(x)\delta_\varepsilon(x-a)dx$$
を考える．$\delta_\varepsilon(x-a)$ は点 $x=a$ のごく近く以外では 0 なので
$$f(x)\delta_\varepsilon(x-a) \fallingdotseq f(a)\delta_\varepsilon(x-a)$$
となる．したがって
$$\int_{-\infty}^{\infty} f(x)\delta_\varepsilon(x-a)dx \fallingdotseq f(a)\int_{-\infty}^{\infty} \delta_\varepsilon(x-a)dx = f(a)$$

である．ここで，$\varepsilon \to 0$ としたとき関数 $\delta_\varepsilon(x)$ を $\delta(x)$ と記し，デルタ関数とよぶ．デルタ関数は $x = 0$ のとき ∞ で $x \neq 0$ のとき 0 となる特異な関数（超関数）であるが，上述のことから

$$\int_{-\infty}^{\infty} \delta(x)dx = 1 \tag{1.41}$$

$$\int_{-\infty}^{\infty} f(x)\delta(x-a)dx = f(a) \tag{1.42}$$

という性質をもつ．

式 (1.42) からデルタ関数のラプラス変換は

$$L[\delta(t)] = \int_0^\infty \delta(t)e^{-st}dt = e^{-s\cdot 0} = 1 \tag{1.43}$$

$$L[\delta(t-a)] = \int_0^\infty \delta(t-a)e^{-st}dt = e^{-s\cdot a} = e^{-as} \quad (a>0) \tag{1.44}$$

となる．

上に定義したデルタ関数に対して，微分方程式

$$a_0 \frac{d^n x}{dt^n} + a_1 \frac{d^{n-1} x}{dt^{n-1}} + \cdots + a_{n-1} \frac{dx}{dt} + a_n x = \delta(t)$$

の初期静止解を求めてみよう．この式のラプラス変換をとり，初期条件（$t=0$ においてすべて 0）を考慮すると

$$Z(s)X = 1 \quad \text{すなわち} \quad X = \frac{1}{Z(s)}$$

となる．この逆変換をデルタ応答とよび，$h(t)$ と記すことにすれば

$$h(t) = L^{-1}\left[\frac{1}{Z(s)}\right] \tag{1.45}$$

となる．

単位応答 $g(t)$ とデルタ応答 $h(t)$ の間には式 (1.17)，(1.38) から

$$L[g'] = sL[g] - g(0) = \frac{1}{Z}$$

すなわち

$$h(t) = g'(t) \tag{1.46}$$

1.6 単位応答とデルタ応答

の関係があることがわかる．ただし，式 (1.45) と $g(0) = 0$ を用いた．

最後にデルタ応答が既知の場合に，微分方程式 (1.32) の初期静止解がどのように表されるかを調べておこう．式 (1.32) のラプラス変換をとれば

$$L[x(t)] = \frac{F(s)}{Z(s)} = L[f(t)]L[h(t)] = L[f*h]$$

となる．したがって

$$x(t) = f(t) * h(t)$$

となるから

$$x(t) = \int_0^t f(\tau)h(t-\tau)d\tau \tag{1.47}$$

が得られる．式 (1.39), (1.40), (1.47) をデュアメル（Duhamel）の公式という．

例題 1.13

微分方程式

$$\frac{d^2x}{dt^2} - 5\frac{dx}{dt} + 4x = f(t)$$

に対して，単位応答とデルタ応答を求めよ．また

$$f(t) = \begin{cases} 0 & (0 < t < 1) \\ 1 & (1 \leq t \leq 2) \\ 0 & (2 < t) \end{cases}$$

に対する応答 $x(t)$ を求めよ．

【解】 インピーダンスは $Z(s) = s^2 - 5s + 4$ であるから

$$g(t) = L^{-1}\frac{1}{sZ(s)} = L^{-1}\frac{1}{s(s^2-5s+4)} = L^{-1}\left[\frac{1}{4}\frac{1}{s} - \frac{1}{3}\frac{1}{s-1} + \frac{1}{12}\frac{1}{s-4}\right]$$

$$= \frac{1}{4} - \frac{1}{3}e^t + \frac{1}{12}e^{4t}$$

$$h(t) = L^{-1}\frac{1}{Z(s)} = \frac{1}{3}L^{-1}\left[\frac{1}{s-4} - \frac{1}{s-1}\right]$$

$$= \frac{1}{3}e^{4t} - \frac{1}{3}e^t$$

$f(t)$ に対する応答は式 (1.47) より

$$0 < t < 1: \quad x(t) = \int_0^t f(\tau)h(t-\tau)d\tau = 0$$

$$1 \leq t \leq 2: \quad x(t) = \int_1^t \left(\frac{1}{3}e^{4(t-\tau)} - \frac{1}{3}e^{(t-\tau)}\right) d\tau$$

$$= \left[-\frac{1}{12}e^{4(t-\tau)} + \frac{1}{3}e^{(t-\tau)}\right]_1^t$$

$$= \frac{1}{4} + \frac{1}{12}e^{4(t-1)} - \frac{1}{3}e^{(t-1)}$$

$$2 < t: \quad x(t) = \int_1^2 \left(\frac{1}{3}e^{4(t-\tau)} - \frac{1}{3}e^{(t-\tau)}\right) d\tau$$

$$= \frac{-e^{4(t-2)} + e^{4(t-1)}}{12} + \frac{e^{(t-2)} - e^{(t-1)}}{3}$$

◇問 **1.10**◇ $ax' + bx = f(t)$ に対する単位応答とデルタ応答を求めよ．

▷ 章末問題 ◁

[1.1] 次の関数のラプラス変換を求めよ．

(1) $\sin(at+b)$, (2) $\sinh^2 at$, (3) $e^t(2\sin t - 5\cos 2t)$

(4) $f(t) = \begin{cases} 0 & (0 < t < 1) \\ 1 & (1 \leq t \leq 2) \\ 0 & (2 < t) \end{cases}$

[1.2] 次の関数のラプラス逆変換を求めよ．

(1) $\dfrac{s-a}{(s-b)^2}$, (2) $\dfrac{s+1}{(s+2)(s-3)(s+4)}$, (3) $\dfrac{1}{s^2(s^2-9)}$, (4) $\dfrac{1}{s^4-a^4}$

[1.3] 次の常微分方程式の初期値問題をラプラス変換を用いて解け．

(1) $x'' + 2x' + x = te^{-2t}; \quad x(0) = 0, \quad x'(0) = 1$

(2) $x'' - 3x' + 2x = e^{4t}\sin t; \quad x(0) = 1/2, \quad x'(0) = 1/2$

(3) $x' - 3y' + 2y = 0, \quad x' + 4x - 5y' = 0; \quad x(0) = 4, \quad y(0) = 1$

[1.4] 常微分方程式の境界値問題

$$x'' + 4x' + 8x = 0, \qquad x(0) = 1, \qquad x'(\pi/2) = e^{-\pi}$$

をラプラス変換を用いて次の順序で解け．

(1) $x'(\pi/2) = e^{-\pi}$ という条件は考えず，$x'(0) = c$ と仮定して常微分方程式の初期値問題をラプラス変換を用いて解き，解を c を含んだ式で表せ．

(2) $x'(\pi/2) = e^{-\pi}$ という条件を用いて c を決定して，もとの問題の解を求めよ．

[1.5] 次の方程式の初期値問題をラプラス変換を用いて解け．

$$x'(t) + 4x(t) + 3\int_0^t x(\tau)d\tau = e^t, \qquad x(0) = 1$$

2

フーリエ級数

2.1 三角関数

はじめに，高校ですでに習ったことであるが，三角関数とその性質についてまとめておこう．

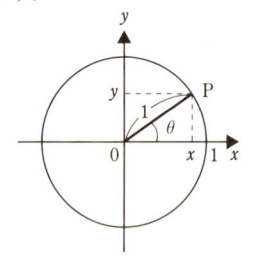

図 2.1 単位円と三角関数

図 2.1 に示すように x-y 平面に原点中心の単位円を考え，円周上の任意の 1 点を P とすると点 P の座標は直線 OP と x 軸のなす角度 θ によって指定することができる．すなわち，x 座標と y 座標はそれぞれ θ の関数になっている．これらをそれぞれ余弦関数および正弦関数とよび

$$x = \cos\theta, \qquad y = \sin\theta$$

と記す．この定義から

$$x^2 + y^2 = (\cos\theta)^2 + (\sin\theta)^2 = 1$$

となり，また

$$\cos(-\theta) = \cos\theta, \qquad \sin(-\theta) = -\sin\theta$$

であることがわかる．さらに，代表的な角度に対しては

$$\cos 0 = 1, \quad \cos\frac{\pi}{2} = 0, \quad \cos\pi = -1, \quad \cos\frac{3\pi}{2} = 0$$

$$\sin 0 = 0, \quad \sin\frac{\pi}{2} = 1, \quad \sin\pi = 0, \quad \sin\frac{3\pi}{2} = -1$$

となる．

平面上の点 P から出発して，原点中心の円のまわりを 1 周すればもとの点にもどるため

$$x = \cos\theta = \cos(\theta + 2\pi), \quad y = \sin\theta = \sin(\theta + 2\pi)$$

$$x = \cos\theta = \cos(\theta - 2\pi), \quad y = \sin\theta = \sin(\theta - 2\pi)$$

が成り立つ．このうち上の 2 式は反時計回り，下の 2 式は時計回りに 1 周した場合に対応する．同様に n を整数としたとき，原点中心の円を n 周しても同じ点にもどるから

$$x = \cos\theta = \cos(\theta + 2n\pi), \quad y = \sin\theta = \sin(\theta + 2n\pi)$$

が成り立つ．すなわち三角関数は周期が 2π の周期関数になっている．

[周期関数]

関数 $f(x)$ がすべての x に対して

$$f(x+T) = f(x)$$

という性質をもつ場合，$f(x)$ を周期 T の周期関数という．周期関数の代表は三角関数であるが，三角関数以外でも周期関数はいくらでも考えられる．たとえば，図 2.2(a) に示す関数は $y = \frac{3}{2}x^2$ の $-1 < x \leq 1$ の部分を取り出して周期が

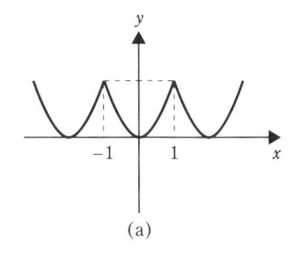

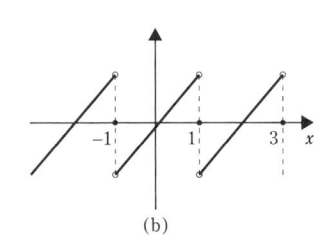

(a) (b)

図 **2.2** 周期関数

2 の関数をつくったものである．同様に図 2.2(b) は $y = x$ の $-1 < x < 1$ の部分からつくった周期 2 の周期関数である．図 2.2(a) の関数は連続であるが，図 2.2(b) の関数は $x = 2n - 1$（n は整数）で不連続であり，そこでは値が定義されていない．後述のフーリエ（Fourier）級数ではこのような不連続点をもつ周期関数も取り扱うが，不連続点での $f(x)$ の値は $f(x+0)$ と $f(x-0)$ の平均値として定義すると便利である．このとき，図 2.2(b) の関数では $f(2n-1) = 0$ と定義される．

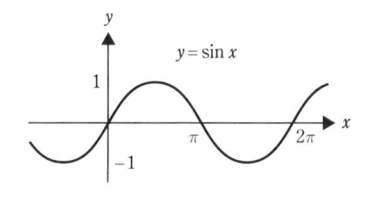

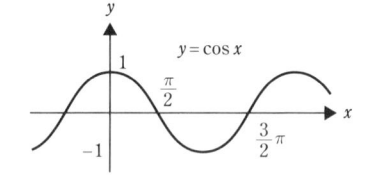

図 2.3 正弦関数と余弦関数

図 2.3 は余弦関数と正弦関数を図示したものである．

正弦関数と余弦関数に対して次の加法定理が成り立つ．

$$\cos(\theta_1 + \theta_2) = \cos\theta_1 \cos\theta_2 - \sin\theta_1 \sin\theta_2$$

$$\sin(\theta_1 + \theta_2) = \sin\theta_1 \cos\theta_2 + \cos\theta_1 \sin\theta_2$$

この定理は図を使っても証明できるが，オイラー（Euler）の公式

$$e^{i\theta} = \cos\theta + i\sin\theta \tag{2.1}$$

を使うと簡単に示すことができる．すなわち，

$$e^{i(\theta_1 + \theta_2)} = e^{i\theta_1} e^{i\theta_2}$$

とオイラーの公式から

$$\cos(\theta_1+\theta_2)+i\sin(\theta_1+\theta_2)$$
$$=e^{i(\theta_1+\theta_2)}=e^{i\theta_1}e^{i\theta_2}=(\cos\theta_1+i\sin\theta_1)(\cos\theta_2+i\sin\theta_2)$$
$$=(\cos\theta_1\cos\theta_2-\sin\theta_1\sin\theta_2)+i(\sin\theta_1\cos\theta_2+\cos\theta_1\sin\theta_2)$$

となるが，この式の実数部と虚数部を等しいとおけば加法定理が導ける．

◇問 **2.1**◇　次の公式を証明せよ．

(1) $\cos(\theta_1-\theta_2)=\cos\theta_1\cos\theta_2+\sin\theta_1\sin\theta_2$

(2) $\sin(\theta_1-\theta_2)=\sin\theta_1\cos\theta_2-\cos\theta_1\sin\theta_2$

(3) $\sin\theta_1\cos\theta_2=\dfrac{1}{2}(\sin(\theta_1+\theta_2)+\sin(\theta_1-\theta_2))$

(4) $\cos\theta_1\sin\theta_2=\dfrac{1}{2}(\sin(\theta_1+\theta_2)-\sin(\theta_1-\theta_2))$

(5) $\cos\theta_1\cos\theta_2=\dfrac{1}{2}(\cos(\theta_1+\theta_2)+\cos(\theta_1-\theta_2))$

(6) $\sin\theta_1\sin\theta_2=-\dfrac{1}{2}(\cos(\theta_1+\theta_2)-\cos(\theta_1-\theta_2))$

◇問 **2.2**◇　$e^{ni\theta}=(e^{i\theta})^n$ を用いて次の公式を証明せよ．

(1) $\sin 2\theta=2\sin\theta\cos\theta$,　　(2) $\cos 2\theta=\cos^2\theta-\sin^2\theta$

(3) $\sin 3\theta=3\sin\theta\cos^2\theta-\sin^3\theta$,　　(4) $\cos 3\theta=\cos^3\theta-3\sin^2\theta\cos\theta$

三角関数の微分積分についてはよく知られているように

$$\frac{d\sin x}{dx}=\cos x, \qquad \frac{d\cos x}{dx}=-\sin x$$

$$\int \sin x\,dx=-\cos x, \qquad \int \cos x\,dx=\sin x \qquad (2.2)$$

となる（不定積分については積分定数を省略）．前述のオイラーの公式を用いればこれらの公式も指数関数の微分積分に直すことによって示すことができる．すなわち

$$\frac{de^{ix}}{dx}=ie^{ix}, \qquad \int e^{ix}\,dx=\frac{1}{i}e^{ix}=-ie^{ix}$$

が成り立つため，式 (2.1) から得られる

$$\frac{d\cos x}{dx}+i\frac{d\sin x}{dx}=i(\cos x+i\sin x)=-\sin x+i\cos x$$

$$\int \cos x dx + i \int \sin x dx = -i(\cos x + i \sin x) = \sin x - i \cos x$$

の実数部と虚数部をそれぞれ等しく置けばよい．

上に述べたように，$\sin x$, $\cos x$ は周期 2π の関数である．同様に，a を実数としたとき，$\sin ax$, $\cos ax$ は周期 $2\pi/a$ の周期関数になる．なぜなら，

$$\sin ax = \sin(ax + 2n\pi) = \sin a\left(x + \frac{2n\pi}{a}\right)$$

$$\cos ax = \cos(ax + 2n\pi) = \cos a\left(x + \frac{2n\pi}{a}\right)$$

となるからである．たとえば，$\sin 2x$, $\cos 2x$ は周期が π であり，$\sin 2\pi x$, $\cos 2\pi x$ は周期は 1 である．

三角関数には，m と n を正の整数としたとき，以下の重要な性質がある（三角関数の直交関係）．

$$\int_{-\pi}^{\pi} \sin mx \cos nx dx = 0 \tag{2.3}$$

$$\int_{-\pi}^{\pi} \cos mx \cos nx dx = 0 \quad (m \neq n), \qquad \int_{-\pi}^{\pi} \cos^2 mx dx = \pi \tag{2.4}$$

$$\int_{-\pi}^{\pi} \sin mx \sin nx dx = 0 \quad (m \neq n), \qquad \int_{-\pi}^{\pi} \sin^2 mx dx = \pi \tag{2.5}$$

これらの各式は問 2.1 の結果などを用いれば簡単に確かめられる．たとえば，式 (2.3) については

$$\int_{-\pi}^{\pi} \sin mx \cos nx dx$$
$$= \frac{1}{2} \int_{-\pi}^{\pi} (\sin(m+n)x + \sin(m-n)x) dx$$
$$= \frac{1}{2} \left[-\frac{1}{m+n} \cos(m+n)x - \frac{1}{m-n} \cos(m-n)x \right]_{-\pi}^{\pi} = 0$$

となる．ここで，第 2 式から第 3 式の変形では $m - n = 0$ を除く必要があるが，$m - n = 0$ のときはもともと sin の項は 0 となり第 2 式の積分には現れないので，上式のように変形している．

次に式 (2.4) についても，$m \neq n$ ならば問 2.1 の結果などから

$$\int_{-\pi}^{\pi} \cos mx \cos nx dx$$
$$= \frac{1}{2} \int_{-\pi}^{\pi} (\cos(m+n)x + \cos(m-n)x) dx$$
$$= \frac{1}{2} \left[\frac{1}{m+n} \sin(m+n)x + \frac{1}{m-n} \sin(m-n)x \right]_{-\pi}^{\pi} = 0$$

となる($m=n$のときは,分母が0になる項があるため,第2式から第3式は得られない).$m=n$のときは,式(2.4)は

$$\int_{-\pi}^{\pi} \cos mx \cos mx dx = \frac{1}{2} \int_{-\pi}^{\pi} (\cos 2mx + 1) dx = \frac{1}{2} \left[\frac{1}{2m} \sin 2mx + x \right]_{-\pi}^{\pi} = \pi$$

となる.式(2.5)も同様の計算で確かめられる.

式(2.3)~(2.5)においてxをXで置き換え,$X=-\pi$が$x=a$,$X=\pi$が$x=b$になるような変数変換,すなわち

$$X = \frac{2\pi}{b-a}\left(x - \frac{a+b}{2}\right)$$

を行えば

$$\begin{cases} \int_a^b \sin\frac{2m\pi}{b-a}\left(x-\frac{a+b}{2}\right) \cos\frac{2n\pi}{b-a}\left(x-\frac{a+b}{2}\right) dx = 0 \\ \int_a^b \cos\frac{2m\pi}{b-a}\left(x-\frac{a+b}{2}\right) \cos\frac{2n\pi}{b-a}\left(x-\frac{a+b}{2}\right) dx = 0 \quad (m \neq n), \\ \int_a^b \cos^2\frac{2m\pi}{b-a}\left(x-\frac{a+b}{2}\right) dx = \frac{b-a}{2} \\ \int_a^b \sin\frac{2m\pi}{b-a}\left(x-\frac{a+b}{2}\right) \sin\frac{2n\pi}{b-a}\left(x-\frac{a+b}{2}\right) dx = 0 \quad (m \neq n), \\ \int_a^b \sin^2\frac{2m\pi}{b-a}\left(x-\frac{a+b}{2}\right) dx = \frac{b-a}{2} \end{cases} \quad (2.6)$$

となる.

特に式(2.6)において,$a=-l$,$b=l$ととれば

$$\begin{cases} \int_{-l}^{l} \sin\frac{m\pi x}{l} \cos\frac{n\pi x}{l} dx = 0 \\ \int_{-l}^{l} \cos\frac{m\pi x}{l} \cos\frac{n\pi x}{l} dx = 0 \quad (m \neq n), \quad \int_{-l}^{l} \cos^2\frac{m\pi x}{l} dx = l \\ \int_{-l}^{l} \sin\frac{m\pi x}{l} \sin\frac{n\pi x}{l} dx = 0 \quad (m \neq n), \quad \int_{-l}^{l} \sin^2\frac{m\pi x}{l} dx = l \end{cases} \quad (2.7)$$

が成り立つ.

2.2 三角関数の重ね合わせ

本節ではいろいろな周期の三角関数を足し合わせるとどうなるかを考える. たとえば

$$y = \sin x + \sin 2x + \sin 3x$$

を考えると,右辺第 1 項は周期 2π, 第 2 項は周期が $2\pi/2 (=\pi)$, 第 3 項は周期が $2\pi/3$ である. 周期が $2\pi/2$ ならばもちろん 2π 周期にもなる. なぜなら 2 周期分をひとまとめにすればよいからである. 同じく周期が $2\pi/3$ ならば 3 周期分をひとまとめにすれば周期が 2π であるといってもよい. したがって, この関数は全体として周期は 2π になる. 同様に考えれば正弦関数の和

$$y = \sum_{n=1}^{N} b_n \sin nx \qquad (2.8)$$

も周期が 2π の関数になる.

式 (2.8) の例として

$$y = \sum_{n=1}^{N} \frac{2(-1)^{n+1}}{n} \sin nx \qquad (2.9)$$

を考える. 図 2.4 に $N = 3, 7, 11$ の場合のグラフを区間 $[-\pi, \pi]$ において示している. 図から N が大きくなるにしたがって, 両端近くを除いて直線

$$y = x \qquad (-\pi < x < \pi)$$

に近づいていることがわかる*. このことから, 区間を $[-\pi, \pi]$ に限れば $y = x$

---

* y の値が急に変化する場所(正確には導関数が不連続な点)で振動が大きくなることもわかる(このような現象はギブス (Gibbs) の現象とよばれている).

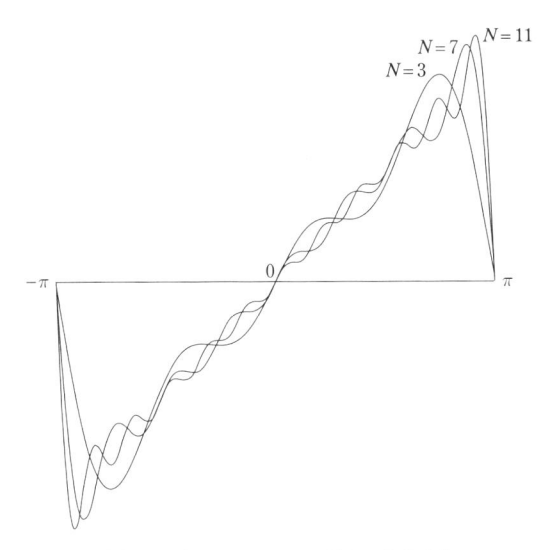

図 2.4 式 (2.9) のグラフ ($N = 3, 7, 11$)

という関数が三角関数の適当な和で表せるのではないかと予測できる．また，区間を限らない場合には，上の 1 次関数をもとにして，それを 2π の整数倍だけ，左や右に平行移動した鋸の歯のような関数（図 2.2(b) 参照），すなわち，$y = x$ を周期が 2π の関数になるように拡張した関数を表すことがわかる．この拡張された関数は原点に関して対称な関数であるが，sin が原点に関して対称な関数であることを考えれば当然期待されることである．

前述のとおり，もとの三角関数の周期は変数変換によって自由に変化させることができるため，上式の x を X と書き，あらためて

$$X = \frac{2\pi}{b-a}\left(x - \frac{a+b}{2}\right)$$

とおくと，任意の有限区間 $[a,b]$ において $y = X$ が三角関数の和

$$y = \sum_{n=1}^{N} \frac{2(-1)^{n+1}}{n} \sin \frac{2n\pi}{b-a}\left(x - \frac{a+b}{2}\right)$$

で近似できることがわかる．特に $a = -l$, $b = l$ のとき上式は

$$y = \sum_{n=1}^{N} \frac{2(-1)^{n+1}}{n} \sin \frac{n\pi x}{l}$$

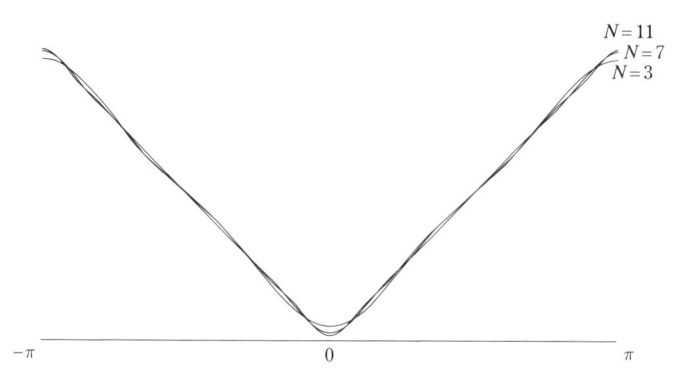

図 2.5 式 (2.11) のグラフ ($N = 3, 7, 11$)

となる．

次に，余弦関数の和

$$y = \sum_{n=0}^{N} a_n \cos nx \tag{2.10}$$

について考える．式 (2.10) の例として

$$y = \frac{\pi}{2} + 2\sum_{n=1}^{N} \frac{(-1)^n - 1}{n^2 \pi} \cos nx \tag{2.11}$$

を用いたとき，図 2.5 に $N = 3, 7, 11$ の場合のグラフを区間 $[-\pi, \pi]$ において示す．図から N が大きくなるにつれて，関数 $y = |x|$ に近づくことがわかる[*]．この関数は前の例と異なり，y 軸に関して対称な関数であるが，これは $\cos nx$ も y 軸に関して対称な関数であるからである．

最後に sin と cos の両方を含んだ級数，すなわち式 (2.8) と (2.10) の和

$$y = \frac{a_0}{2} + \sum_{n=1}^{N} (a_n \cos nx + b_n \sin nx) \tag{2.12}$$

の例として

$$y = \frac{\pi}{4} + \sum_{n=1}^{N} \left(\frac{(-1)^{n+1}}{n} \sin nx + \frac{(-1)^n - 1}{n^2 \pi} \cos nx \right) \tag{2.13}$$

---

[*] この場合には折れ曲がった点（導関数が不連続な点）では特異な振る舞いはない．

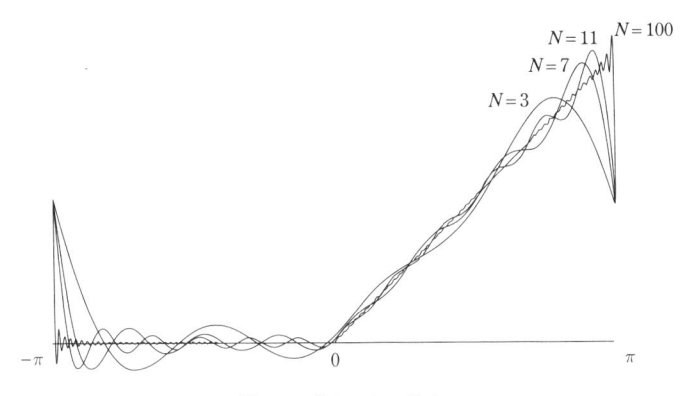

図 2.6 式 (2.13) のグラフ

を考える．図 2.6 に $N=3,7,11,100$ の場合のグラフを区間 $[-\pi,\pi]$ において示しているが，これは y 軸や原点に関して対称ではない．ただし，三角関数の周期性を反映して 2π の周期性をもっている．実は，式 (2.13) は式 (2.10) と (2.11) の平均をとったものであるが，このことは図 2.4〜2.6 からも想像される．

以上のことから，周期関数は sin, cos あるいはその両方の和によって表されること，そして原点について対称な関数は sin の和，y 軸について対称な関数は cos の和，そのどちらでもない関数は両方を含んだ和になることが想像される．なお，式 (2.10), (2.11), (2.13) は区間 $[0,\pi]$ においてはすべて同じ関数 $y=x$ を表している．このように，区間を限った場合には，同じ関数であっても和の形はひととおりではない．いいかえれば，限られた区間において与えられた関数がどのような形の三角関数の和になるかは，その関数の区間（定義域）を拡張する場合の拡張の仕方によることがわかる．

2.3 フーリエ展開その 1

前節の結果から，任意の周期 2π の関数は式 (2.12) の形の三角関数の和で表せそうなことが予想できる．

本節では，まずはじめに任意の周期 2π の関数が与えられたとき，式 (2.12) の形の級数でその関数が近似できたと仮定する．そして，その上で係数の決定法について調べる．

はじめに，偶関数と奇関数について述べる．偶関数とは

$$g(x) = g(-x)$$

を満たす関数で，たとえば $y = x^2$ や $y = \cos nx$ がその例になっている．偶関数をグラフに描くと y 軸に対して対称になっている．一方，奇関数とは

$$h(x) = -h(-x)$$

を満たす関数で，たとえば $y = x$ や $y = \sin nx$ がその例である．奇関数は原点に関して対称である（図 2.7）．

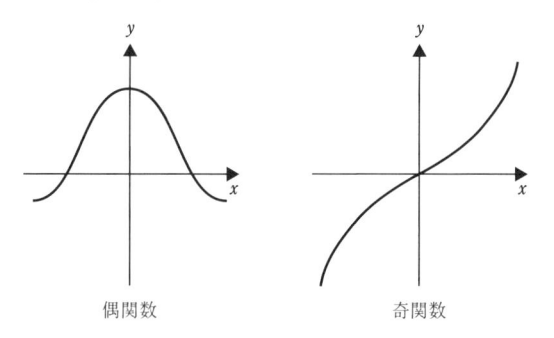

図 2.7 偶関数と奇関数

前節でも述べたが，ある関数を三角関数の和で表す場合，その関数が偶関数であれば和には余弦関数だけが含まれるはずであり，奇関数であれば和には正弦関数だけが現れる．さらに，偶関数でも奇関数でもない関数の場合には余弦関数と正弦関数の両方が現れる．このことは任意の関数 $f(x)$ が偶関数と奇関数の和で表せることからもわかる．すなわち，関数 $f(x)$ を

$$f(x) = \frac{f(x) + f(-x)}{2} + \frac{f(x) - f(-x)}{2}$$

と書けば，右辺第 1 項は偶関数，第 2 項は奇関数であることが確かめられる．なぜなら，右辺第 1 項を $h(x)$，第 2 項を $g(x)$ と書けば，

$$h(-x) = \frac{f(-x) + f(x)}{2} = h(x)$$

$$g(-x) = \frac{f(-x) - f(x)}{2} = -\frac{f(x) - f(-x)}{2} = -g(x)$$

となるからである．したがって，一般に任意の周期 2π の関数を三角関数の和で表すときには，余弦関数 $\cos nx$ と正弦関数 $\sin nx$ の和になると考えられる．そこで

$$f(x) \sim \frac{a_0}{2} + \sum_{n=1}^{\infty}(a_n \cos nx + b_n \sin nx) \tag{2.14}$$

と書くことにする（便宜的に定数項を $a_0/2$ と記している）．ただし，右辺の級数が収束するかどうかは不明であるため，等号は使わず記号 $\sim$ を使っている．また，以下の議論では右辺の無限級数は収束して項別積分が可能であると仮定する．このとき級数に現れる係数 $a_0, a_n, b_n (n=1,2,\cdots)$ は三角関数の直交性（式 (2.3)〜(2.5)）を利用して以下のように決めることができる．

まず式 (2.14) の $\sim$ を等号であると仮定して，両辺を区間 $[-\pi, \pi]$ で積分すると

$$\begin{aligned}\int_{-\pi}^{\pi} f(x)dx &= \frac{1}{2}\int_{-\pi}^{\pi} a_0 dx + \sum_{n=1}^{\infty} a_n \int_{-\pi}^{\pi} \cos nx dx + \sum_{n=1}^{\infty} b_n \int_{-\pi}^{\pi} \sin nx dx \\ &= \pi a_0 + 0 + 0\end{aligned}$$

となる．この式からただちに

$$a_0 = \frac{1}{\pi}\int_{-\pi}^{\pi} f(x)dx \tag{2.15}$$

が得られる．次に式 (2.14) の両辺に $\cos mx$ を乗じて区間 $[-\pi, \pi]$ で積分すると

$$\begin{aligned}&\int_{-\pi}^{\pi} f(x)\cos mx dx \\ &= \frac{1}{2}\int_{-\pi}^{\pi} a_0 \cos mx dx + \sum_{n=1}^{\infty} a_n \int_{-\pi}^{\pi} \cos nx \cos mx dx \\ &\quad + \sum_{n=1}^{\infty} b_n \int_{-\pi}^{\pi} \sin nx \cos mx dx\end{aligned}$$

となる．このとき式 (2.3)〜(2.5) を考慮すれば，右辺にある係数が a_n の総和のなかで $n=m$ 以外は 0 となり，$n=m$ のとき π となる．また係数が b_n の総和の各項は 0 である．したがって

$$\int_{-\pi}^{\pi} f(x)\cos mx dx = a_m \int_{-\pi}^{\pi} \cos^2 mx dx = \pi a_m$$

となるため
$$a_n = \frac{1}{\pi}\int_{-\pi}^{\pi} f(x)\cos nx\, dx \tag{2.16}$$
が得られる．この式で $n=0$ とすれば式 (2.15) と一致するため，式 (2.15) を含んでいるとみなせる．これが，式 (2.14) の定数項を $a_0/2$ と記した理由である．

b_n を求めるためには，式 (2.14) の両辺に $\sin mx$ を乗じて区間 $[-\pi,\pi]$ で積分する．

$$\int_{-\pi}^{\pi} f(x)\sin mx\, dx$$
$$= \frac{1}{2}\int_{-\pi}^{\pi} a_0 \sin mx\, dx + \sum_{n=1}^{\infty} a_n \int_{-\pi}^{\pi}\cos nx \sin mx\, dx + \sum_{n=1}^{\infty} b_n \int_{-\pi}^{\pi}\sin nx \sin mx\, dx$$

このとき，式 (2.3)〜(2.5) から，第 1 項および a_n を含んだ総和の各項は 0 であり，b_n を含んだ総和のなかで $n=m$ 以外は 0 となり，$n=m$ のとき π となる．したがって
$$\int_{-\pi}^{\pi} f(x)\sin mx\, dx = b_m \int_{-\pi}^{\pi} \sin^2 mx\, dx = \pi b_m$$
より
$$b_n = \frac{1}{\pi}\int_{-\pi}^{\pi} f(x)\sin nx\, dx \tag{2.17}$$
が得られる．

以上のことから

$$f(x) \sim \frac{1}{2\pi}\int_{-\pi}^{\pi} f(\xi)\, d\xi$$
$$+ \sum_{n=1}^{\infty}\left[\left(\frac{1}{\pi}\int_{-\pi}^{\pi} f(\xi)\cos n\xi\, d\xi\right)\cos nx + \left(\frac{1}{\pi}\int_{-\pi}^{\pi} f(\xi)\sin n\xi\, d\xi\right)\sin nx\right]$$

となることがわかる．このように周期関数を三角関数の無限級数で表すことを関数をフーリエ展開するという．また，三角関数の無限級数をフーリエ級数という．なお，上式の右辺を導くときには右辺の級数が収束し，また項別積分できると仮定して形式的な演算を行った．これらの仮定は自明ではないため，上式では等号を用いていない．

ここでもし $f(x)$ が奇関数であれば,式 (2.16) の被積分関数も奇関数となり,積分値は 0 になる.すなわち,式 (2.14) において定数項と余弦関数の項は現れない.一方,$f(x)$ が偶関数の場合には,式 (2.17) の被積分関数が奇関数になり,その積分値が 0 になる.したがって,正弦関数の項は現れない.

例題 2.1

$f(x) = x$ を区間 $[-\pi, \pi]$ でフーリエ展開せよ.

【解】 $f(x)$ が奇関数であるため $a_n = 0$,また

$$
\begin{aligned}
b_n &= \frac{1}{\pi} \int_{-\pi}^{\pi} x \sin nx \, dx = \frac{2}{\pi} \int_{0}^{\pi} x \sin nx \, dx \\
&= \frac{2}{\pi} \left[-\frac{x}{n} \cos nx \right]_{0}^{\pi} + \frac{2}{n\pi} \int_{0}^{\pi} \cos nx \, dx \\
&= \frac{2}{\pi} \left[-\frac{x}{n} \cos nx \right]_{0}^{\pi} + \frac{2}{n^2 \pi} \left[\sin nx \right]_{0}^{\pi} \\
&= \frac{2}{\pi} \left(-\frac{\pi}{n} \cos n\pi \right) = -\frac{2}{n}(-1)^n = \frac{2}{n}(-1)^{n+1}
\end{aligned}
$$

したがって

$$ x \sim 2 \left(\sin x - \frac{\sin 2x}{2} + \frac{\sin 3x}{3} - \cdots \right) $$

例題 2.2

$f(x) = x^2$ を区間 $[-\pi, \pi]$ でフーリエ展開せよ.

【解】 $f(x)$ が偶関数であるため $b_n = 0$,また

$$
\begin{aligned}
a_0 &= \frac{1}{\pi} \int_{-\pi}^{\pi} x^2 \, dx = \frac{2}{\pi} \left[\frac{x^3}{3} \right]_{0}^{\pi} = \frac{2\pi^2}{3} \\
a_n &= \frac{1}{\pi} \int_{-\pi}^{\pi} x^2 \cos nx \, dx = \frac{2}{\pi} \int_{0}^{\pi} x^2 \cos nx \, dx \\
&= \frac{2}{\pi} \left[\frac{x^2}{n} \sin nx + \frac{2x}{n^2} \cos nx - \frac{2}{n^3} \sin nx \right]_{0}^{\pi} \\
&= \frac{2}{\pi} \frac{2\pi}{n^2} \cos n\pi = \frac{4}{n^2}(-1)^n
\end{aligned}
$$

したがって
$$x^2 \sim \frac{\pi^2}{3} - 4\left(\cos x - \frac{1}{4}\cos 2x + \frac{1}{9}\cos 3x - \cdots\right)$$

例題 2.3

$f(x) = e^x$ を区間 $[-\pi, \pi]$ でフーリエ展開せよ.

【解】 $a_0 = \dfrac{1}{\pi}\displaystyle\int_{-\pi}^{\pi} e^x dx = \dfrac{1}{\pi}\left[e^x\right]_{-\pi}^{\pi} = \dfrac{1}{\pi}(e^\pi - e^{-\pi}) = \dfrac{2\sinh\pi}{\pi}$

また

$$\int e^x \cos nx\, dx + i\int e^x \sin nx\, dx$$
$$= \int e^x e^{inx} dx = \int e^{(1+in)x} dx$$
$$= \frac{e^{(1+in)x}}{1+in} = \frac{1-in}{1+n^2}e^x(\cos nx + i\sin nx)$$
$$= \frac{e^x}{1+n^2}(\cos nx + n\sin nx) + \frac{ie^x}{1+n^2}(\sin nx - n\cos nx)$$

となる（任意定数は省略）から

$$a_n = \frac{1}{\pi}\int_{-\pi}^{\pi} e^x \cos nx\, dx = \frac{1}{(1+n^2)\pi}\left[e^x(\cos nx + n\sin nx)\right]_{-\pi}^{\pi}$$
$$= \frac{(-1)^n e^\pi - (-1)^n e^{-\pi}}{(1+n^2)\pi} = \frac{2(-1)^n}{(1+n^2)\pi}\sinh\pi$$
$$b_n = \frac{1}{\pi}\int_{-\pi}^{\pi} e^x \sin nx\, dx = \frac{1}{(1+n^2)\pi}\left[e^x(\sin nx - n\cos nx)\right]_{-\pi}^{\pi}$$
$$= \frac{-(-1)^n n e^\pi + (-1)^n n e^{-\pi}}{(1+n^2)\pi} = \frac{-2n(-1)^n}{(1+n^2)\pi}\sinh\pi$$

したがって

$$e^x \sim \frac{2\sinh\pi}{\pi}\left(\frac{1}{2} + \frac{1}{2}\sin x - \frac{1}{2}\cos x - \frac{2}{5}\sin 2x + \frac{1}{5}\cos 2x\right.$$

$$+\frac{3}{10}\sin 3x - \frac{1}{10}\cos 3x - \frac{4}{17}\sin 4x + \frac{1}{17}\cos 4x + \cdots \Bigg)$$

◇問 **2.3**◇ 次の関数を区間 $[-\pi, \pi]$ でフーリエ展開せよ．

(1) $f(x) = \begin{cases} \dfrac{\pi}{2} + x & (0 \leq x \leq \pi) \\ \dfrac{\pi}{2} & (-\pi \leq x \leq 0) \end{cases}$

(2) $f(x) = x^2 - 2x$

2.4　フーリエ展開その 2

　式 (2.14) は区間 $[-\pi, \pi]$ において周期 2π の関数 $f(x)$ を $\sin nx$ と $\cos nx$ の和で表現した式であった．いま，式 (2.14) において $x = \pi X/l$ とおき，

$$g(X) = f\left(\frac{\pi X}{l}\right)$$

と記すことにすれば，$g(X)$ は区間 $[-l, l]$ において周期 $2l$ の関数になる．このとき，式 (2.14) は

$$g(X)(= f(x)) \sim \frac{a_0}{2} + \sum_{n=1}^{\infty}\left(a_n \cos\frac{n\pi X}{l} + b_n \sin\frac{n\pi X}{l}\right)$$

となり，式 (2.16), (2.17) は

$$a_n = \frac{1}{\pi}\int_{-l}^{l} f\left(\frac{\pi X}{l}\right)\left(\cos\frac{n\pi X}{l}\right)\frac{\pi}{l}dX = \frac{1}{l}\int_{-l}^{l} g(X)\cos\frac{n\pi X}{l}dX$$

$$b_n = \frac{1}{\pi}\int_{-l}^{l} f\left(\frac{\pi X}{l}\right)\left(\sin\frac{n\pi X}{l}\right)\frac{\pi}{l}dX = \frac{1}{l}\int_{-l}^{l} g(X)\sin\frac{n\pi X}{l}dX$$

となる．これらの式で $g(X)$ をあらためて $f(x)$ とみなせば，周期 $2l$ の関数 $f(x)$ は区間 $[-l, l]$ において

$$f(x) \sim \frac{a_0}{2} + \sum_{n=1}^{\infty}\left(a_n \cos\frac{n\pi x}{l} + b_n \sin\frac{n\pi x}{l}\right) \qquad (2.18)$$

ただし,

$$a_n = \frac{1}{l} \int_{-l}^{l} f(x) \cos \frac{n\pi x}{l} dx \tag{2.19}$$

$$b_n = \frac{1}{l} \int_{-l}^{l} f(x) \sin \frac{n\pi x}{l} dx \tag{2.20}$$

と書けることがわかる.式 (2.18),(2.19),(2.20) は $l = \pi$ のとき式 (2.14),(2.16),(2.17) と一致するため,それらを特殊な場合として含んでいる式とみなせる.

例題 2.4
関数 $f(x) = 1 - |x|$ を区間 $[-1, 1]$ でフーリエ展開せよ.
【解】 $f(x)$ は偶関数であるため $b_n = 0$,また

$$\begin{aligned}
a_0 &= 2 \int_0^1 (1-x) dx = 2 \left[x - \frac{x^2}{2} \right]_0^1 = 1 \\
a_n &= 2 \int_0^1 (1-x) \cos n\pi x\, dx \\
&= 2 \left[\frac{1}{n\pi}(1-x) \sin n\pi x \right]_0^1 + \frac{2}{n\pi} \int_0^1 \sin n\pi x\, dx \\
&= -\frac{2}{n^2 \pi^2} \left[\cos n\pi x \right]_0^1 = \frac{2}{n^2 \pi^2}(1 - (-1)^n)
\end{aligned}$$

したがって

$$1 - |x| \sim \frac{1}{2} + \frac{4}{\pi^2} \left(\cos \pi x + \frac{1}{3^2} \cos 3\pi x + \frac{1}{5^2} \cos 5\pi x + \cdots \right)$$

◇**問 2.4**◇ 関数 $f(x) = \begin{cases} -1 & (-1 < x < 0) \\ 1 & (0 < x < 1) \end{cases}$ を区間 $[-1, 1]$ でフーリエ展開せよ.

次に式 (2.14) を複素数の指数関数を用いて変形してみよう.いま,

$$a_n = c_n + c_{-n}, \quad b_n = i(c_n - c_{-n}) \tag{2.21}$$

とおけば

$$\begin{aligned}a_n\cos nx+b_n\sin nx &= (c_n+c_{-n})\cos nx+i(c_n-c_{-n})\sin nx\\&= c_n(\cos nx+i\sin nx)+c_{-n}(\cos nx-i\sin nx)\\&= c_n e^{inx}+c_{-n}e^{-inx}\end{aligned}$$

となる．また，$a_0=2c_0$ であるから，フーリエ級数は

$$f(x)\sim c_0+\sum_{n=1}^{\infty}c_n e^{inx}+\sum_{m=1}^{\infty}c_{-m}e^{-imx}$$

と書き換えられる．ここで右辺の第 1 項を $n=0$ として第 2 項に含め，第 3 項の $(-m)$ を n と書くことにすれば

$$f(x)\sim \sum_{n=0}^{\infty}c_n e^{inx}+\sum_{n=-1}^{-\infty}c_n e^{inx}=\sum_{n=-\infty}^{\infty}c_n e^{inx} \tag{2.22}$$

となる．これを複素形式のフーリエ級数という．展開係数は式 (2.21) から

$$c_0=\frac{a_0}{2},\qquad c_n=\frac{1}{2}(a_n-ib_n),\qquad c_{-n}=\frac{1}{2}(a_n+ib_n)$$

となるため，

$$c_0=\frac{1}{2\pi}\int_{-\pi}^{\pi}f(x)dx \tag{2.23}$$

$$\begin{aligned}c_n &= \frac{1}{2\pi}\int_{-\pi}^{\pi}f(x)(\cos nx-i\sin nx)dx\\&= \frac{1}{2\pi}\int_{-\pi}^{\pi}f(x)e^{-inx}dx \quad (n=1,2,3,\cdots)\end{aligned} \tag{2.24}$$

となる．また式 (2.23) の上の式から c_{-n} は c_n の共役複素数であることがわかるため

$$c_{-n}=\overline{c_n}=\frac{1}{2\pi}\int_{-\pi}^{\pi}f(x)e^{inx}dx \qquad (n=1,2,3,\cdots) \tag{2.25}$$

である．式 (2.24) で $n=0$ とすれば式 (2.23) になり，n のかわりに $-n$ とすれば式 (2.25) となるため，n が整数のときこれらの式は

$$c_n = \frac{1}{2\pi} \int_{-\pi}^{\pi} f(x) e^{-inx} dx \qquad (n = 0, \pm 1, \pm 2, \pm 3, \cdots) \qquad (2.26)$$

にまとめられる．

区間が $[-l, l]$ の場合の複素形式のフーリエ級数は，式 (2.18)，(2.19)，(2.20) を用いて上と同じ手続きを行うか，または式 (2.22)，(2.26) をもとに $x = \pi X/l$ という変数変換を行うことにより

$$f(x) \sim \sum_{n=-\infty}^{\infty} c_n e^{in\pi x/l} \qquad (2.27)$$

ただし

$$c_n = \frac{1}{2l} \int_{-l}^{l} f(x) e^{-in\pi x/l} dx \qquad (n:\text{整数}) \qquad (2.28)$$

となる．

例題 2.5

関数 $f(x) = e^x$ を区間 $[-1, 1]$ において複素数のフーリエ級数で表せ．

【解】 式 (2.28) より

$$\begin{aligned}
c_n &= \frac{1}{2} \int_{-1}^{1} e^x e^{-in\pi x} dx = \frac{1}{2} \int_{-1}^{1} e^{(1-in\pi)x} dx \\
&= \frac{1}{2} \frac{1}{1-in\pi} \left[e^{(1-in\pi)x} \right]_{-1}^{1} = \frac{1}{2} \frac{1}{1-in\pi} (e e^{-in\pi} - e^{-1} e^{in\pi}) \\
&= \frac{1}{2} \frac{1+in\pi}{1+n^2\pi^2} (e(-1)^n - e^{-1}(-1)^n) = \frac{1+in\pi}{1+n^2\pi^2} (-1)^n \sinh 1
\end{aligned}$$

したがって，式 (2.27) より

$$e^x \sim \sum_{n=-\infty}^{\infty} \left\{ \frac{1+in\pi}{1+n^2\pi^2} (-1)^n \sinh 1 \right\} e^{in\pi x}$$

◇問 2.5◇ 関数 $f(x) = e^{\pi(1-x)}$ を区間 $[-1, 1]$ において複素数のフーリエ級数で表せ．

2.5 フーリエ級数の収束性

式 (2.14) の係数 a_n, b_n は $f(x)$ が積分可能であれば式 (2.15)〜(2.17) から計算することができる.そこで,$f(x)$ の積分可能性を仮定して係数 a_n, b_n を計算すれば,形式的に級数をつくることができる.しかし,実際に右辺が収束するのかどうか,また収束した場合にそれが $f(x)$ と等しくなるかどうかを確かめる必要がある.

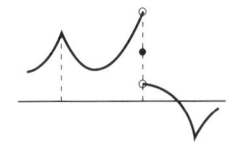

図 2.8 区分的に滑らかな関数

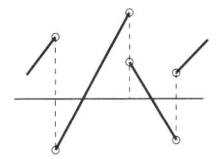

図 2.9 図 2.8 の導関数

実は,このことは無条件に成り立つわけではなく,$f(x)$ に対してある制限をつける必要がある.具体的にどのような制限であるのかを述べる前に,「区分的に連続」という用語と「区分的に滑らか」という用語を導入する.

まず関数 $f(x)$ が区間 $[a,b]$ において区分的に連続であるとは,区間 $[a,b]$ が有限個の小区間 $[a_i, b_i]$ に分けられて,各小区間で $f(x)$ が連続であり,各区間の端で極限値 $f(a_i+0)$,$f(b_i-0)$ をもつことをいう.また関数 $f(x)$ が区間 $[a,b]$ で区分的に滑らかであるとは,関数 $f'(x)$ が区間 $[a,b]$ で区分的に連続であることをいう.簡単にいえば,区分的に滑らかな関数は図に描いたとき,有限個の点を除いて滑らかであり,除外した有限個の点では連続的につながっていないか,または連続につながってはいるが尖っているような関数(図 2.8)である.区分的に滑らかな関数は不連続点または尖った点以外の点では微分できるが,導関数を図示すればわかるように(図 2.9),不連続点や尖った点の左右で不連続になっている.区分的に連続な関数を積分すると区分的な滑らかな関数になる.

これらの用語を用いれば,フーリエ級数の収束条件は以下のように表現できることが知られている(証明略).

> $f(x)$ が周期 2π の関数で,区間 $[-\pi,\pi]$ で区分的に滑らかであるとする.このときフーリエ級数は収束して
> $$\frac{1}{2}(f(x-0)+f(x+0)) = \frac{a_0}{2} + \sum_{n=1}^{\infty}(a_n \cos nx + b_n \sin nx) \quad (2.29)$$
> が成り立つ.

関数 $f(x)$ が点 x で連続であれば,式 (2.29) の左辺はもちろん $f(x)$ を表すが,もし不連続であれば左極限と右極限の平均になることを意味している(図 2.2(b) 参照).

次にフーリエ級数の微分と積分について調べてみよう.はじめに積分について考える.$f(x)$ が区間 $[-\pi,\pi]$ で区分的に連続であるとする.このとき,

$$F(x) = \int_{-\pi}^{x} f(\xi)d\xi$$

は $f(x)$ が不連続な点以外では微分できて

$$F'(x) = f(x)$$

となる.$f(x)$ すなわち $F'(x)$ が区分的に連続であるから,$F(x)$ は区分的に滑らかである.したがって,$F(x)$ はフーリエ級数に展開できることになる.このように $f(x)$ が区分的に連続という条件であっても,それを積分した関数はフーリエ展開できることになる.

さて,$f(x)$ がフーリエ展開されていて

$$f(x) = \frac{a_0}{2} + \sum_{n=1}^{\infty}(a_n \cos nx + b_n \sin nx) \quad (2.30)$$

と書かれているとする.また $F(x)$ を(以前と少し異なるが)

$$F(x) = \int_{-\pi}^{x} f(\xi)d\xi - \frac{a_0}{2}x \quad (2.31)$$

と定義すると,先程と同じ理由でフーリエ展開できて

$$F(x) = \frac{c_0}{2} + \sum_{n=1}^{\infty}(c_n \cos nx + d_n \sin nx) \quad (-\pi < x < \pi)$$

と書ける．このとき

$$F(-\pi) = \int_{-\pi}^{-\pi} f(\xi)d\xi - \frac{a_0}{2}(-\pi) = \frac{a_0\pi}{2}$$

$$F(\pi) = \int_{-\pi}^{\pi} f(\xi)d\xi - \frac{a_0}{2}\pi = a_0\pi - \frac{a_0\pi}{2} = \frac{a_0\pi}{2}$$

であることに注意すれば $F(x)$ のフーリエ係数は，$n=1,2,\cdots$ として

$$\begin{aligned}
c_n &= \frac{1}{\pi}\int_{-\pi}^{\pi} F(x)\cos nx\, dx = \frac{1}{n\pi}\bigl[F(x)\sin nx\bigr]_{-\pi}^{\pi} - \frac{1}{n\pi}\int_{-\pi}^{\pi} F'(x)\sin nx\, dx \\
&= -\frac{1}{n\pi}\int_{-\pi}^{\pi}\left(f(x) - \frac{a_0}{2}\right)\sin nx\, dx = -\frac{b_n}{n} \\
d_n &= \frac{1}{\pi}\int_{-\pi}^{\pi} F(x)\sin nx\, dx = -\frac{1}{n\pi}\bigl[F(x)\cos nx\bigr]_{-\pi}^{\pi} + \frac{1}{n\pi}\int_{-\pi}^{\pi} F'(x)\cos nx\, dx \\
&= -\frac{a_0}{2n}(\cos n\pi - \cos n\pi) + \frac{1}{n\pi}\int_{-\pi}^{\pi}\left(f(x) - \frac{a_0}{2}\right)\cos nx\, dx = \frac{a_n}{n}
\end{aligned}$$

となる．したがって

$$F(x) = \frac{c_0}{2} + \sum_{n=1}^{\infty}\frac{1}{n}(a_n\sin nx - b_n\cos nx) \tag{2.32}$$

となるが，c_0 を決めるため，$x=\pi$ を上式に代入すれば

$$\frac{a_0\pi}{2} = \frac{c_0}{2} - \sum_{n=1}^{\infty}\frac{b_n}{n}\cos n\pi$$

となる．この式から得られる $c_0/2$ を式 (2.32) に代入して

$$F(x) = \frac{a_0\pi}{2} + \sum_{n=1}^{\infty}\frac{1}{n}(a_n\sin nx - b_n(\cos nx - \cos n\pi))$$

を得る．式 (2.31) から

$$\int_{-\pi}^{x} f(\xi)d\xi = \frac{1}{2}a_0(x+\pi) + \sum_{n=1}^{\infty}\frac{1}{n}(a_n\sin nx - b_n(\cos nx - \cos n\pi)) \tag{2.33}$$

となるが，この式は式 (2.30) を $[-\pi,x]$ で項別積分した式に一致する．

以上のことをまとめれば，

> 関数 $f(x)$ がフーリエ展開されていれば，項別積分して得られるフーリエ級数は $f(x)$ の積分のフーリエ展開と一致する．

すなわち，フーリエ級数は項別積分できる．

それでは，微分はどうなるであろうか．フーリエ級数は制限をつけなければ項別微分ができないことは以下の例からもわかる．

例題 2.6
区間 $[-\pi, \pi]$ における $f(x) = x$ のフーリエ展開（例題 2.1）の両辺を形式的に微分せよ．次に得られた式に $x = \pi$ を代入するとどうなるか．

【解】 例題 2.1 の $f(x)$ のフーリエ展開を形式的に微分すれば

$$1 \sim 2(\cos x - \cos 2x + \cos 3x - \cdots)$$

となる．この式の右辺に $x = \pi$ を代入すれば右辺は

$$2(-1 - 1 - 1 - \cdots)$$

となり発散する．

$f(x)$ がフーリエ展開できるためには $f(x)$ が区分的に滑らかである必要があったように，$f'(x)$ がフーリエ展開されるためには $f'(x)$ も区分的に滑らかである必要がある．この条件のもとで

$$f'(x) = \frac{c_0}{2} + \sum_{n=1}^{\infty} (c_n \cos nx + d_n \sin nx)$$

と展開されたとする．このとき展開係数は

$$c_0 = \frac{1}{\pi} \int_{-\pi}^{\pi} f'(x) dx = \frac{1}{\pi} (f(\pi) - f(-\pi))$$

$$\begin{aligned} c_n &= \frac{1}{\pi} \int_{-\pi}^{\pi} f'(x) \cos nx\, dx = \frac{1}{\pi} \left[f(x) \cos nx \right]_{-\pi}^{\pi} + \frac{n}{\pi} \int_{-\pi}^{\pi} f(x) \sin nx\, dx \\ &= \frac{(-1)^n}{\pi} (f(\pi) - f(-\pi)) + \frac{n}{\pi} \int_{-\pi}^{\pi} f(x) \sin nx\, dx \end{aligned}$$

$$d_n = \frac{1}{\pi}\int_{-\pi}^{\pi} f'(x)\sin nx dx = \frac{1}{\pi}\left[f(x)\sin nx\right]_{-\pi}^{\pi} - \frac{n}{\pi}\int_{-\pi}^{\pi} f(x)\cos nx dx$$
$$= -\frac{n}{\pi}\int_{-\pi}^{\pi} f(x)\cos nx dx$$

となる．一方，$f(x)$ のフーリエ展開は

$$f(x) = \frac{a_0}{2} + \sum_{n=1}^{\infty}(a_n\cos nx + b_n\sin nx)$$

ただし，

$$a_n = \frac{1}{\pi}\int_{-\pi}^{\pi} f(x)\cos nx dx, \qquad b_n = \frac{1}{\pi}\int_{-\pi}^{\pi} f(x)\sin nx dx$$

で与えられる．この式の右辺を項別に微分したとすれば定数項はなくなる．したがって，上の c_0 も 0 になるはずであるが，それには $f(\pi) = f(-\pi)$ である必要がある．このとき，上の c_n の式の最右辺の第 1 項目も消えて，$c_n = nb_n$ となる．一方，上の d_n の式から $d_n = -na_n$ となることがわかる．これらの関係を $f'(x)$ の展開式に代入すれば，

$$f'(x) = \sum_{n=1}^{\infty}(-na_n\sin nx + nb_n\cos nx) \qquad (-\pi \leq x \leq \pi)$$

となるが，この式は $f(x)$ の展開式を項別に微分したものになっている．以上のことをまとめれば次のようになる．

> 関数 $f(x)$ $(-\pi \leq x \leq \pi)$ が連続で $f(\pi) = f(-\pi)$ を満足し，$f'(x)$ が区分的に滑らかであれば，$f(x)$ のフーリエ展開は項別に微分できて，$f'(x)$ のフーリエ展開に一致する．

例題 2.6 のフーリエ級数が項別微分できなかったのは $x = \pi$ で不連続であり，上の条件を満足しなかったためである．

例題 2.7

区間 $[-\pi, \pi]$ における $f(x) = x$ のフーリエ展開（例題 2.1）を積分して，同じ区間における x^2 のフーリエ展開を求めよ．この結果を用いて次式の値を求めよ．

$$\sum_{n=1}^{\infty} \frac{(-1)^{n+1}}{n^2}$$

【解】 フーリエ級数は項別積分が可能である．したがって，a_0 を任意定数として

$$x^2 = 2\int x dx = \frac{a_0}{2} - 4\left(\cos x - \frac{\cos 2x}{2^2} + \frac{\cos 3x}{3^2} - \cdots\right)$$

となる．a_0 の値は公式を用いて

$$a_0 = \frac{1}{\pi}\int_{-\pi}^{\pi} x^2 dx = \frac{2\pi^2}{3}$$

となる．したがって，

$$x^2 = \frac{\pi^2}{3} - 4\left(\cos x - \frac{\cos 2x}{2^2} + \frac{\cos 3x}{3^2} - \cdots\right)$$

もとの関数 (x^2) は $x=0$ で連続であるため，この展開式に $x=0$ を代入することができて，

$$0 = \frac{\pi^2}{3} - 4\left(1 - \frac{1}{2^2} + \frac{1}{3^2} - \cdots\right)$$

となる．したがって，

$$\sum_{n=1}^{\infty} \frac{(-1)^{n+1}}{n^2} = \frac{\pi^2}{12}$$

◇問 2.6◇ $f(x) = \begin{cases} \frac{\pi}{2} + x & (0 \leq x \leq \pi) \\ \frac{\pi}{2} & (-\pi \leq x \leq 0) \end{cases}$ の区間 $[-\pi, \pi]$ におけるフーリエ展開（問 2.3(1)）を用いて次式の値を求めよ．

$$1 + \frac{1}{3^2} + \frac{1}{5^2} + \frac{1}{7^2} + \cdots$$

2.6 ベッセルの不等式とパーセバルの等式

ある関数がフーリエ展開されて三角関数の無限級数で表されているとしよう．この展開式を数値計算で用いる場合など近似式として使うときには，有限項で打ち切る．このようなとき，この有限項の級数はもとの関数のどの程度の近似になっているのであろうか．つぎに，この点について考える．

$$\varphi_N(x) = \frac{\alpha_0}{2} + \sum_{n=1}^{N} (\alpha_n \cos nx + \beta_n \sin nx) \tag{2.34}$$

とおいて，この関数によって $f(x)$ を近似すると考える．ここで右辺の係数はフーリエ展開の係数とは異なるものと考えて別の文字 α_n, β_n で表している．$f(x) - \varphi_N(x)$ は誤差を表すが，これは正にも負にもなるため，その2乗である2乗誤差を考える．直接計算すると

$$\begin{aligned}(e(x))^2 &= (f(x) - \varphi_N(x))^2 = (f(x))^2 - \alpha_0 f(x) \\ &\quad - 2f(x) \sum_{n=1}^{N} (\alpha_n \cos nx + \beta_n \sin nx) \\ &\quad + \frac{\alpha_0^2}{4} + \sum_{n=1}^{N} (\alpha_n^2 \cos^2 nx + \beta_n^2 \sin^2 nx) + A\end{aligned}$$

となる．ただし，A は $\cos kx \cos mx$, $\cos kx \sin mx$, $\sin kx \sin mx$ の形をした項の1次結合で表される式である．この2乗誤差は x の関数であるから，場所によって大小がある．全体での誤差の大小はこれを区間 $[-\pi, \pi]$ で積分したもの（平均2乗誤差）で評価できる．そこで，上式を区間 $[-\pi, \pi]$ で積分する．このとき，上式の最右辺の第1項以外の $f(x)$ に式 (2.14) を代入し $\cos kx \cos mx$, $\cos kx \sin mx$, $\sin kx \sin mx$ の形をした項の $[-\pi, \pi]$ における積分が0になることに注意すれば，

$$\begin{aligned}E = \frac{1}{2\pi} \int_{-\pi}^{\pi} (e(x))^2 dx &= \frac{1}{2\pi} \int_{-\pi}^{\pi} (f(x))^2 dx - \frac{a_0 \alpha_0}{2} - \sum_{n=1}^{N} (\alpha_n a_n + \beta_n b_n) \\ &\quad + \frac{\alpha_0^2}{4} + \frac{1}{2} \sum_{n=1}^{N} (\alpha_n^2 + \beta_n^2)\end{aligned}$$

$$= \frac{1}{2\pi}\int_{-\pi}^{\pi}(f(x))^2 dx - \frac{a_0^2}{4} - \frac{1}{2}\sum_{n=1}^{N}(a_n^2+b_n^2)$$
$$+\frac{(\alpha_0-a_0)^2}{4} + \frac{1}{2}\sum_{n=1}^{N}((\alpha_n-a_n)^2+(\beta_n-b_n)^2) \tag{2.35}$$

となる．この式は $\alpha_n = a_n$, $\beta_n = b_n$ のとき最小になる．このことは，ある関数を三角関数の有限項の和で近似した場合，その係数としてフーリエ展開で決まる係数と等しくとった場合に平均 2 乗誤差が最小になることを意味している．

式 (2.35) の E は関数の 2 乗の積分であるから，負にはならない．したがって式 (2.35) で $\alpha_n = a_n$, $\beta_n = b_n$ とおいた式から，

$$\frac{a_0^2}{2}+\sum_{n=1}^{N}(a_n^2+b_n^2) \leq \frac{1}{\pi}\int_{-\pi}^{\pi}(f(x))^2 dx \tag{2.36}$$

となるが，式 (2.36) はどのような N に対しても成り立つから

$$\frac{a_0^2}{2}+\sum_{n=1}^{\infty}(a_n^2+b_n^2) \leq \frac{1}{\pi}\int_{-\pi}^{\pi}(f(x))^2 dx \tag{2.37}$$

が得られる．この不等式をベッセル (Bessel) の不等式という．式 (2.36) において N が増えるほど左辺は大きくなる．したがって，N を大きくすればするほど誤差が小さくなる．実際には，$N \to \infty$ のとき，誤差が 0, すなわち

$$\frac{a_0^2}{2}+\sum_{n=1}^{\infty}(a_n^2+b_n^2) = \frac{1}{\pi}\int_{-\pi}^{\pi}(f(x))^2 dx \tag{2.38}$$

が成り立つことが知られている．これをパーセバル (Parseval) の等式という．

例題 2.8

区間 $[0,\pi]$ で定義された関数 $f(x) = x(\pi-x)$ を区間 $[-\pi,\pi]$ に偶関数として拡張して，フーリエ展開せよ．また，その結果とパーセバルの等式を用いて

$$\sum_{n=1}^{\infty}\frac{1}{n^4} = \frac{1}{1^4}+\frac{1}{2^4}+\frac{1}{3^4}+\cdots$$

の値を求めよ．

【解】 偶関数であるから $b_n = 0$, また

$$a_0 = \frac{2}{\pi}\int_0^\pi x(\pi - x)dx = \frac{\pi^2}{3}$$

$$\begin{aligned}a_n &= \frac{2}{\pi}\int_0^\pi x(\pi - x)\cos nx\, dx \\ &= \frac{2}{\pi}\left\{\left[\frac{x(\pi-x)}{n}\sin nx\right]_0^\pi + \left[\frac{\pi-2x}{n^2}\cos nx\right]_0^\pi + \left[\frac{2\sin nx}{n^3}\right]_0^\pi\right\} \\ &= -\frac{2}{n^2}(1 + (-1)^n)\end{aligned}$$

したがって,

$$x(\pi - x) = \frac{\pi^2}{6} - \left(\frac{\cos 2x}{1^2} + \frac{\cos 4x}{2^2} + \frac{\cos 6x}{3^2} + \cdots\right)$$

パーセバルの等式 (2.37) より

$$\frac{1}{2}\left(\frac{\pi^2}{3}\right)^2 + \frac{1}{1^4} + \frac{1}{2^4} + \frac{1}{3^4} + \cdots = \frac{2}{\pi}\int_0^\pi x^2(\pi - x)^2 dx = \frac{\pi^4}{15}$$

したがって

$$\sum_{n=1}^\infty \frac{1}{n^4} = \frac{\pi^4}{90}$$

▷章末問題◁

[2.1] 関数 $f(x) = \begin{cases} 1 & (0 \le x < \pi) \\ -1 & (-\pi \le x < 0) \end{cases}$ をフーリエ級数に展開せよ．また，その結果を利用して級数

$$\sum_{n=1}^\infty \frac{(-1)^{n-1}}{2n-1} = 1 - \frac{1}{3} + \frac{1}{5} - \frac{1}{7} + \cdots$$

の値を求めよ．

[2.2] 関数 $f(x) = \sinh ax$ $(-\pi \le x \le \pi; a > 0)$ をフーリエ級数に展開せよ．また，その結果を利用して級数

$$\sum_{m=0}^{\infty}\frac{(-1)^m(2m+1)}{(2m+1)^2+1} = \frac{1}{1^2+1} - \frac{3}{3^2+1} + \frac{5}{5^2+1} - \frac{7}{7^2+1} + \cdots$$

の値を求めよ．

[2.3] 関数 $f(x) = \cos ax$ $(a \neq 整数)$ を $[-\pi, \pi]$ でフーリエ級数に展開せよ．
その結果を用いて

$$\pi \cot \pi a = \frac{1}{a} + \sum_{n=1}^{\infty} \frac{2a}{a^2 - n^2}$$

を証明せよ．

[2.4] 関数

$$\frac{1}{1 - 2a\cos x + a^2} \qquad (|a| < 1)$$

のフーリエ級数展開を以下の順に求めよ．

(1) $\cos x = (e^{ix} + e^{-ix})/2$ を利用して

$$\frac{1}{1 - 2a\cos x + a^2} = \frac{1}{1-a^2}\left(\frac{1}{1-ae^{ix}} + \frac{ae^{-ix}}{1-ae^{-ix}}\right)$$

であることを示せ．

(2) 無限級数展開 $1/(1-t) = 1 + t + t^2 + t^n + \cdots (|t| < 1)$ を利用して，問題の関数を $\cos$ の無限級数で表せ．

[2.5] 関数 $f(x)$ の区間 $[-l, l]$ における指数関数によるフーリエ展開が

$$f(x) \sim \sum_{n=-\infty}^{\infty} c_n e^{in\pi x/l}$$

であるとする．このとき，以下の関係が成り立つことを示せ．

(1) $a > 0$ のとき，$f(ax) \sim \displaystyle\sum_{n=-\infty}^{\infty} c_n e^{in\pi a x/l}$．

(2) $f(t+b) \sim \displaystyle\sum_{n=-\infty}^{\infty} (c_n e^{in\pi b/l}) e^{in\pi x/l}$．

3

フーリエ変換

3.1 フーリエの積分定理

区間 $[-l, l]$ における関数 $f(x)$ の複素形式のフーリエ展開は，2.4 節の終わりで述べたように

$$f(x) \sim \sum_{n=-\infty}^{\infty} c_n e^{in\pi x/l} \tag{3.1}$$

$$c_n = \frac{1}{2l} \int_{-l}^{l} f(\xi) e^{-in\pi\xi/l} d\xi \tag{3.2}$$

である．ここで，式 (3.2) に現れる積分の変数は x である必要はないので ξ とおいているが，式 (2.28) との対応をはっきりさせるためには式 (3.2) の ξ を x で置き換えればよい．この展開は周期 $2l$ の関数に使えるが，$l \to \infty$ とすれば周期性のない関数にも使える．そこで，l を大きくしたときにフーリエ展開はどのようになるかを考えてみよう．

式 (3.2) を式 (3.1) に代入すると

$$f(x) = \sum_{n=-\infty}^{\infty} \frac{1}{2l} \int_{-l}^{l} f(\xi) e^{in\pi(x-\xi)/l} d\xi$$

となる．この式で

$$\lambda_n = n\pi/l, \quad \Delta\lambda = \lambda_{n+1} - \lambda_n = (n+1)\pi/l - n\pi/l = \pi/l$$

とおけば

$$f(x) = \sum_{n=-\infty}^{\infty} \frac{\Delta\lambda}{2\pi} \int_{-l}^{l} f(\xi) e^{i\lambda_n(x-\xi)} d\xi \tag{3.3}$$

となり，さらに
$$F(\lambda_n) = \int_{-l}^{l} f(\xi)e^{i\lambda_n(x-\xi)}d\xi$$
とおけば，
$$f(x) = \frac{1}{2\pi}\sum_{n=-\infty}^{\infty} F(\lambda_n)\Delta\lambda$$
となる．ここで $l \to \infty$ とすれば $\Delta\lambda \to 0$ となるため
$$\sum_{n=-\infty}^{\infty} F(\lambda_n)(\lambda_{n+1} - \lambda_n) = \sum_{n=-\infty}^{\infty} F(\lambda_n)\Delta\lambda \to \int_{-\infty}^{\infty} F(\lambda)d\lambda$$
となる．ただし，
$$F(\lambda) = \int_{-\infty}^{\infty} f(\xi)e^{i\lambda(x-\xi)}d\xi \tag{3.4}$$
である．したがって，式 (3.3) は
$$f(x) = \frac{1}{2\pi}\int_{-\infty}^{\infty} F(\lambda)d\lambda$$
となるが，式 (3.4) をこの式に代入すれば
$$\begin{aligned}f(x) &= \frac{1}{2\pi}\int_{-\infty}^{\infty}\int_{-\infty}^{\infty} f(\xi)e^{i\lambda(x-\xi)}d\xi d\lambda \\ &= \frac{1}{2\pi}\int_{-\infty}^{\infty} e^{i\lambda x}d\lambda \int_{-\infty}^{\infty} f(\xi)e^{-i\lambda\xi}d\xi\end{aligned} \tag{3.5}$$
となる．

なお，この式の導出にはフーリエ級数がもとになっているため，関数 $f(x)$ は区分的に滑らかであり，かつ絶対可積分
$$\int_{-\infty}^{\infty} |f(x)|dx < \infty$$
である必要がある．さらに，点 x において $f(x)$ が不連続であれば，左辺は $(f(x+0) + f(x-0))/2$ を表すことになる．以上をまとめると次の定理が得られる．

3.1 フーリエの積分定理

[フーリエの積分定理] 関数 $f(x)$ が区分的に滑らかでかつ絶対可積分ならば

$$\frac{f(x+0)+f(x-0)}{2} = \frac{1}{2\pi}\int_{-\infty}^{\infty} e^{i\lambda x}d\lambda \int_{-\infty}^{\infty} f(\xi)e^{-i\lambda\xi}d\xi$$

(ただし, $f(x)$ が連続の点では左辺は $f(x)$ を表す.)

フーリエの積分定理 (3.5) において,

$$e^{i\lambda(x-\xi)} = \cos\lambda(x-\xi) + i\sin\lambda(x-\xi)$$

を代入すると, 実数部と虚数部はそれぞれ

$$\frac{1}{2\pi}\int_{-\infty}^{\infty}\left(\int_{-\infty}^{\infty} f(\xi)\cos\lambda(x-\xi)d\xi\right)d\lambda$$

$$\frac{1}{2\pi}\int_{-\infty}^{\infty}\left(\int_{-\infty}^{\infty} f(\xi)\sin\lambda(x-\xi)d\xi\right)d\lambda$$

となるが, 2番目の式の括弧内の積分は λ に関して奇関数であるから, λ で積分すると 0 になる. さらに 1 番目の式の括弧内の積分は λ に関して偶関数であることを考慮すれば

$$f(x) = \frac{1}{\pi}\int_{0}^{\infty}\left(\int_{-\infty}^{\infty} f(\xi)\cos\lambda(x-\xi)d\xi\right)d\lambda \tag{3.6}$$

となる.

式 (3.6) の $\cos\lambda(x-\xi)$ を加法定理で展開すれば, 式 (3.6) は

$$f(x) = \int_{0}^{\infty}(a_\lambda\cos\lambda x + b_\lambda\sin\lambda x)d\lambda \tag{3.7}$$

ただし,

$$a_\lambda = \frac{1}{\pi}\int_{-\infty}^{\infty} f(\xi)\cos\lambda\xi d\xi \tag{3.8}$$

$$b_\lambda = \frac{1}{\pi}\int_{-\infty}^{\infty} f(\xi)\sin\lambda\xi d\xi \tag{3.9}$$

と書ける. 式 (3.7) は, λ が離散的な値をとるフーリエ展開の公式を, 連続的な値をとるように拡張した式とみなすことができる.

式 (3.7)〜(3.9) において $f(x)$ が偶関数である場合を考えよう．このとき，式 (3.8), (3.9) の積分は

$$a_\lambda = \frac{2}{\pi} \int_0^\infty f(\xi) \cos \lambda \xi d\xi, \qquad b_\lambda = 0$$

となり，式 (3.7) は

$$f(x) = \frac{2}{\pi} \int_0^\infty \cos \lambda x d\lambda \int_0^\infty f(\xi) \cos \lambda \xi d\xi \qquad (3.10)$$

となる．

同様に $f(x)$ が奇関数のときは，式 (3.8), (3.9) は

$$a_\lambda = 0, \qquad b_\lambda = \frac{2}{\pi} \int_0^\infty f(\xi) \sin \lambda \xi d\xi$$

となり，式 (3.7) は

$$f(x) = \frac{2}{\pi} \int_0^\infty \sin \lambda x d\lambda \int_0^\infty f(\xi) \sin \lambda \xi d\xi \qquad (3.11)$$

となる．

3.2 フーリエ変換

フーリエの積分定理 (3.5) において

$$g(\lambda) = \frac{1}{\sqrt{2\pi}} \int_{-\infty}^\infty f(\xi) e^{-i\lambda \xi} d\xi \qquad (3.12)$$

とおく．この積分はパラメータ λ を含んだ ξ に関する積分であり，積分結果には λ を含むため，左辺のように記している．この積分は絶対可積分な関数 $f(x)$ に対して意味をもつ式である．式 (3.12) を用いれば，式 (3.5) は

$$f(x) = \frac{1}{\sqrt{2\pi}} \int_{-\infty}^\infty g(\lambda) e^{i\lambda x} d\lambda \qquad (3.13)$$

と書くことができる．

式 (3.12) を関数 $f(x)$ に関数 $g(\lambda)$ を対応させる変換とみなし，フーリエ変換とよぶ．一方，式 (3.13) は関数 $g(\lambda)$ が与えられたとき，もとの $f(x)$ を求める変換とみなせるため，フーリエ逆変換という．

3.2 フーリエ変換

関数 f にフーリエ変換を行うことを記号 $F[f]$ で表し,逆に関数 g にフーリエ逆変換を行うことを記号 $F^{-1}[g]$ で表すことにする.まとめると次のようになる.

$f(x)$ のフーリエ変換は

$$F[f] = \frac{1}{\sqrt{2\pi}} \int_{-\infty}^{\infty} f(x) e^{-i\lambda x} dx$$

であり,$g(\lambda)$ のフーリエ逆変換は

$$F^{-1}[g] = \frac{1}{\sqrt{2\pi}} \int_{-\infty}^{\infty} g(\lambda) e^{i\lambda x} d\lambda$$

である.

例題 3.1
$F[e^{-a|x|}]\ (a>0)$ を求めよ.

【解】 フーリエ変換の定義式により,

$$\begin{aligned}
F[e^{-a|x|}] &= \frac{1}{\sqrt{2\pi}} \int_{-\infty}^{\infty} e^{-a|x|} e^{-\lambda i x} dx \\
&= \frac{1}{\sqrt{2\pi}} \int_{-\infty}^{0} e^{(a-\lambda i)x} dx + \frac{1}{\sqrt{2\pi}} \int_{0}^{\infty} e^{-(a+\lambda i)x} dx \\
&= \frac{1}{\sqrt{2\pi}} \left[\frac{1}{a-i\lambda} e^{(a-\lambda i)x} \right]_{-\infty}^{0} - \frac{1}{\sqrt{2\pi}} \left[\frac{1}{a+i\lambda} e^{-(a+\lambda i)x} \right]_{0}^{\infty} \\
&= \frac{1}{\sqrt{2\pi}} \left(\frac{1}{a-i\lambda} + \frac{1}{a+i\lambda} \right) = \sqrt{\frac{2}{\pi}} \frac{a}{a^2+\lambda^2}
\end{aligned}$$

例題 3.2
$F[e^{-ax^2}](a>0)$ を求めよ.

【解】 フーリエ変換の定義式により,

$$F[e^{-ax^2}] = \frac{1}{\sqrt{2\pi}} \int_{-\infty}^{\infty} e^{-ax^2-i\lambda x} dx$$

$$= \frac{1}{\sqrt{2\pi}} e^{-\lambda^2/(4a)} \int_{-\infty}^{\infty} e^{-a(x+i\lambda/(2a))^2} dx$$

となる．ここで，複素積分 $\oint_C e^{-z^2} dz$ を図 3.1 に示すような積分路で行うと，積分路内に特異点はないため，コーシー（Cauchy）の積分定理から値は 0 になる．そこで

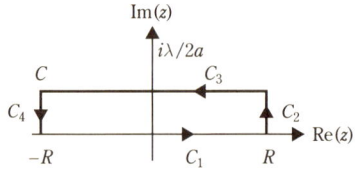

図 3.1 積分路

$$0 = \int_C = \int_{C_1} + \int_{C_2} + \int_{C_3} + \int_{C_4}$$

となるが，$\int_{C_2}$ と $\int_{C_4}$ は $R \to \infty$ のとき 0 となるため，

$$\int_{-\infty}^{\infty} e^{-a(x+i\lambda/(2a))^2} dx = \int_{-C_3} e^{-z^2} dz = -\int_{C_3} = \int_{C_1}$$
$$= \int_{-\infty}^{\infty} e^{-ax^2} dx = \sqrt{\frac{\pi}{a}}$$

である．したがって，

$$F[e^{-ax^2}] = \frac{1}{\sqrt{2\pi}} e^{-\lambda^2/4a} \int_{-C_3} = \frac{1}{\sqrt{2a}} e^{-\lambda^2/(4a)}$$

◇**問 3.1**◇ 次の関数のフーリエ変換を求めよ．

(1) $xe^{-|x|}$ (2) $f(x) = \begin{cases} 1 & (|x| \leq 1) \\ 0 & (|x| > 1) \end{cases}$

$f(x)$ が偶関数のとき成り立つ式 (3.10) において

$$g(\lambda) = \sqrt{\frac{2}{\pi}} \int_0^{\infty} f(\xi) \cos \lambda \xi \, d\xi \tag{3.14}$$

とおけば
$$f(x) = \sqrt{\frac{2}{\pi}} \int_0^\infty g(\lambda) \cos \lambda x d\lambda \tag{3.15}$$
と書くことができる．式 (3.14) を x の関数 f を λ の関数 g に対応させる変換とみなして，フーリエ余弦変換という．また，式 (3.15) を λ の関数 g を x の関数 f に対応させる変換とみなして逆フーリエ余弦変換という．これらをそれぞれ記号 $F_c[f]$ と $F_c^{-1}[g]$ で表すことにする．

同様に，$f(x)$ が奇関数のとき成り立つ式 (3.11) において
$$g(\lambda) = \sqrt{\frac{2}{\pi}} \int_0^\infty f(\xi) \sin \lambda \xi d\xi \tag{3.16}$$
とおけば
$$f(x) = \sqrt{\frac{2}{\pi}} \int_0^\infty g(\lambda) \sin \lambda x d\lambda \tag{3.17}$$
となる．これらをそれぞれフーリエ正弦変換，逆フーリエ正弦変換とよび，それぞれ記号 $F_s[f]$ と $F_s^{-1}[g]$ で表すことにする．先ほど述べたフーリエ変換の場合と異なり，正弦変換と余弦変換では，変換もその逆変換も全く同じ形をしている．以上をまとめると次のようになる．

$f(x)$ のフーリエ余弦変換とフーリエ正弦変換は

$$F_c[f] = \sqrt{\frac{2}{\pi}} \int_0^\infty f(x) \cos \lambda x dx, \qquad F_s[f] = \sqrt{\frac{2}{\pi}} \int_0^\infty f(x) \sin \lambda x dx$$

であり，$g(\lambda)$ の逆フーリエ余弦変換と逆フーリエ正弦変換は

$$F_c^{-1}[g] = \sqrt{\frac{2}{\pi}} \int_0^\infty g(\lambda) \cos \lambda x d\lambda, \qquad F_s^{-1}[g] = \sqrt{\frac{2}{\pi}} \int_0^\infty g(\lambda) \sin \lambda x d\lambda$$

である．

例題 3.3

次の関係を満たす関数 $f(x)$ を求めよ．

$$\int_0^\infty f(x) \cos \lambda x dx = \begin{cases} 1 - \lambda & (0 \leq \lambda \leq 1) \\ 0 & (\lambda > 1) \end{cases}$$

【解】 $f(x)$ のフーリエ余弦変換は

$$\sqrt{\frac{2}{\pi}} \int_0^\infty f(x) \cos \lambda x dx$$

であるから，与式の左辺の $\sqrt{2/\pi}$ 倍になっている．したがって，与式の右辺を $F(\lambda)$ と書いたとき，逆変換の公式から

$$f(x) = \sqrt{\frac{2}{\pi}} \int_0^\infty \sqrt{\frac{2}{\pi}} F(\lambda) \cos \lambda x d\lambda$$
$$= \frac{2}{\pi} \int_0^1 (1-\lambda) \cos x \lambda d\lambda = \frac{2(1-\cos x)}{\pi x^2}$$

◇問 3.2◇ 例題 3.3 の式の左辺において，$\cos \lambda x$ を $\sin \lambda x$ で置き換えた場合の $f(x)$ を求めよ．

3.3 フーリエ変換の性質

本節ではフーリエ変換がもついくつかの性質について述べる．
(1) 線形性

$$F[a_1 f_1 + a_2 f_2] = a_1 F[f_1] + a_2 F[f_2] \qquad (a_1, a_2 \text{は定数}) \tag{3.18}$$

ただし，f_1, f_2 はフーリエ変換が可能な関数であるとする．

この公式はフーリエ変換が線形演算であることを意味している．これは，積分が線形演算であることからの帰結である．実際

$$\begin{aligned}
F[a_1 f_1 + a_2 f_2] &= \frac{1}{\sqrt{2\pi}} \int_{-\infty}^\infty (a_1 f_1(\lambda) + a_2 f_2(\lambda)) e^{-i\lambda x} dx \\
&= \frac{a_1}{\sqrt{2\pi}} \int_{-\infty}^\infty f_1(\lambda) e^{-i\lambda x} dx + \frac{a_2}{\sqrt{2\pi}} \int_{-\infty}^\infty f_2(\lambda) e^{-i\lambda x} dx \\
&= a_1 F[f_1] + a_2 F[f_2]
\end{aligned}$$

(2)
$$F[F[f(x)]] = f(-x) \tag{3.19}$$

この公式はフーリエ変換を 2 回行うともとの関数の x と $-x$ を入れ替えたものになることを意味している．したがって，もし $f(x)$ が偶関数であればフーリエ変換を 2 回行えばもとの関数にもどる．証明は次のとおりである．$F[f(x)] = g$ とすれば

$$f(x) = F^{-1}[g] = \frac{1}{\sqrt{2\pi}} \int_{-\infty}^{\infty} g(\lambda) e^{i\lambda x} d\lambda$$

この式において x を $-x$ で置き換えれば

$$f(-x) = \frac{1}{\sqrt{2\pi}} \int_{-\infty}^{\infty} g(\lambda) e^{-i\lambda x} d\lambda = F[g] = F[F[f(x)]]$$

となる．

(3)

$$F[f(ax+b)] = \frac{1}{|a|} e^{ib\lambda/a} g\left(\frac{\lambda}{a}\right) \qquad (a,b \text{ は定数で},\ g \text{ は } f \text{ のフーリエ変換}) \tag{3.20}$$

なぜなら

$$F[f(ax+b)] = \frac{1}{\sqrt{2\pi}} \int_{-\infty}^{\infty} f(ax+b) e^{-i\lambda x} dx$$

であり，$u = ax + b$ とおくと，$a > 0$ のとき

$$\begin{aligned} F[f(ax+b)] &= \frac{1}{\sqrt{2\pi}} \frac{1}{a} \int_{-\infty}^{\infty} f(u) e^{-i(u-b)\lambda/a} du \\ &= \frac{1}{a} e^{ib\lambda/a} \frac{1}{\sqrt{2\pi}} \int_{-\infty}^{\infty} f(u) e^{-iu\lambda/a} du \\ &= \frac{1}{a} e^{ib\lambda/a} g\left(\frac{\lambda}{a}\right) \end{aligned}$$

であり，$a < 0$ のとき

$$\begin{aligned} F[f(ax+b)] &= \frac{1}{\sqrt{2\pi}} \frac{1}{a} \int_{\infty}^{-\infty} f(u) e^{-i(u-b)\lambda/a} du \\ &= -\frac{1}{a} e^{ib\lambda/a} \frac{1}{\sqrt{2\pi}} \int_{-\infty}^{\infty} f(u) e^{-iu\lambda/a} du \\ &= -\frac{1}{a} e^{ib\lambda/a} g\left(\frac{\lambda}{a}\right) \end{aligned}$$

となる．これらをまとめたものが式 (3.20) である．

特に，$b=0$ のとき，
$$F[f(ax)] = \frac{1}{|a|}g\left(\frac{\lambda}{a}\right) \tag{3.21}$$
となり，$a=1$，$b=-c$ のとき
$$F[f(x-c)] = e^{-ic\lambda}g(\lambda) \tag{3.22}$$
となる．

(4)
$$F[f(ax)e^{-ibx}] = \frac{1}{|a|}g\left(\frac{\lambda+b}{a}\right) \tag{3.23}$$

なぜなら
$$F[f(ax)e^{-ibx}] = \frac{1}{\sqrt{2\pi}}\int_{-\infty}^{\infty}f(ax)e^{-i(\lambda+b)x}dx = \frac{1}{|a|\sqrt{2\pi}}\int_{-\infty}^{\infty}f(\xi)e^{-i(\lambda+b)\xi/a}d\xi$$
$$= \frac{1}{|a|}g\left(\frac{\lambda+b}{a}\right) \qquad (\xi = ax)$$

（実際の証明では (3) と同じく a の符号によって場合分けして計算するが，(3) と同様であるためひとまとめにしている）

(5) 微分
$$F\left[\frac{df}{dx}\right] = i\lambda F[f] \tag{3.24}$$
$$F\left[\frac{d^n f}{dx^n}\right] = (i\lambda)^n F[f] \tag{3.25}$$

なぜなら，部分積分を用いて
$$F\left[\frac{df}{dx}\right] = \frac{1}{\sqrt{2\pi}}\int_{-\infty}^{\infty}\frac{df}{dx}e^{-i\lambda x}dx$$
$$= \frac{1}{\sqrt{2\pi}}\left[f(x)e^{-i\lambda x}\right]_{-\infty}^{\infty} + \frac{i\lambda}{\sqrt{2\pi}}\int_{-\infty}^{\infty}f(x)e^{-i\lambda x}dx$$

となるが，$f(x)$ は絶対可積分であるため，$|x|\to\infty$ で $f(x)\to 0$ になり，最右辺第 1 項が 0 であるから式 (3.24) が得られる．式 (3.25) も部分積分を繰り返すことにより同様に証明できる．

(6)
$$\frac{d^n}{d\lambda^n}F[f] = F[(-ix)^n f(x)] \tag{3.26}$$

なぜなら，

$$F[(-ix)^n f(x)] = \frac{1}{\sqrt{2\pi}}\int_{-\infty}^{\infty}(-ix)^n f(x)e^{-i\lambda x}dx = \frac{1}{\sqrt{2\pi}}\int_{-\infty}^{\infty}f(x)\frac{d^n}{d\lambda^n}e^{-i\lambda x}dx$$
$$= \frac{d^n}{d\lambda^n}F[f]$$

(7) 積分

$x \to \pm\infty$ の極限で $\int_0^x f(\xi)d\xi \to 0$ であれば

$$F\left[\int_0^x f(\xi)d\xi\right] = \frac{1}{i\lambda}F[f(x)] \tag{3.27}$$

なぜなら，

$$F\left[\int_0^x f(\xi)d\xi\right] = \frac{1}{\sqrt{2\pi}}\int_{-\infty}^{\infty}\left[\int_0^x f(\xi)d\xi\right]e^{-i\lambda x}dx$$
$$= \frac{1}{\sqrt{2\pi}}\left[-\frac{e^{-i\lambda x}}{i\lambda}\int_0^x f(\xi)d\xi\right]_{-\infty}^{\infty} + \frac{1}{i\lambda\sqrt{2\pi}}\int_{-\infty}^{\infty}f(x)e^{-i\lambda x}dx$$
$$= \frac{1}{i\lambda}F[f(x)]$$

ただし部分積分を行い，仮定を用いている．

(8) 合成積

フーリエ変換でしばしば現れる演算に合成積がある．これは $f_1(x)$, $f_2(x)$ が全区間で積分可能なとき

$$f_1 * f_2 = \int_{-\infty}^{\infty}f_1(\xi)f_2(x-\xi)d\xi \tag{3.28}$$

の右辺で定義される演算であり，左辺の記号で表す．この定義から

$$f_1 * f_2 = f_2 * f_1 \tag{3.29}$$

が成り立つことが示される．

◇問 **3.3**◇　$f(x) = g(x) = \begin{cases} 0 & (x < 0) \\ e^{-x} & (x > 0) \end{cases}$ の合成積を求めよ.

合成積のフーリエ変換に対して次の式が成り立つ.

$$F[f_1 * f_2] = \sqrt{2\pi} F[f_1] F[f_2] \tag{3.30}$$

すなわち，2 つの関数の合成積のフーリエ変換はそれぞれの関数のフーリエ変換の積（に $\sqrt{2\pi}$ をかけたもの）になる．このことは以下のように示せる．

定義から

$$\begin{aligned}\sqrt{2\pi} F[f_1 * f_2] &= \int_{-\infty}^{\infty} \left[\int_{-\infty}^{\infty} f_1(\xi) f_2(x-\xi) d\xi \right] e^{-i\lambda x} dx \\ &= \int_{-\infty}^{\infty} f_1(\xi) d\xi \left[\int_{-\infty}^{\infty} f_2(x-\xi) e^{-i\lambda x} dx \right]\end{aligned}$$

最後の積分で, $\eta = x - \xi$ とおくと

$$\begin{aligned}\sqrt{2\pi} F[f_1 * f_2] &= \int_{-\infty}^{\infty} f_1(\xi) d\xi \left[\int_{-\infty}^{\infty} f_2(\eta) e^{-i\lambda \eta} e^{-i\lambda \xi} d\eta \right] \\ &= \int_{-\infty}^{\infty} f_1(\xi) e^{-i\lambda \xi} d\xi \int_{-\infty}^{\infty} f_2(\eta) e^{-i\lambda \eta} d\eta = 2\pi F[f_1] F[f_2]\end{aligned}$$

となる.

以下にフーリエ変換の代表的な性質をまとめておく (g は f のフーリエ変換).

---

(1) $F[a_1 f_1 + a_2 f_2] = a_1 F[f_1] + a_2 F[f_2]$

(2) $F[F[f(x)]] = f(-x)$

(3) $F[f(ax + b)] = \dfrac{1}{|a|} e^{ib\lambda/a} g\left(\dfrac{\lambda}{a}\right)$

(4) $F[f(ax) e^{-ibx}] = \dfrac{1}{|a|} g\left(\dfrac{\lambda + b}{a}\right)$

(5) $F\left[\dfrac{d^n f}{dx^n}\right] = (i\lambda)^n F[f]$

(6) $\dfrac{d^n}{d\lambda^n} F[f] = F[(-ix)^n f(x)]$

(7) $F\left[\int_0^x f(\xi) d\xi\right] = \dfrac{1}{i\lambda} F[f(x)]$

(8) $F[f_1 * f_2] = \sqrt{2\pi} F[f_1] F[f_2]$

▷章末問題◁

[3.1] 次の関数のフーリエ変換を求めよ．
 (1) $\dfrac{1}{x^2+a^2}$ $(a>0)$, (2) $f(x)=\begin{cases} a-|x| & (|x|\le a) \\ 0 & (|x|>a) \end{cases}$

[3.2] $f(x)$ のフーリエ変換を $F(\lambda)$ としたとき，次の関数のフーリエ変換を求めよ．
 (1) $xf(x)$, (2) $f(x+2)$, (3) $f(-x)$, (4) $f(x+a)-f(x-a)$
 (5) $f(x)e^{i\omega x}$, (6) $f(x)\sin\omega x$

[3.3] $f(x)=\begin{cases} 1-x^2 & (|x|\le 1) \\ 0 & (|x|>1) \end{cases}$ のフーリエ変換を求め，その結果を利用して

$$\int_0^\infty \frac{x\cos x - \sin x}{x^3}\cos\left(\frac{x}{2}\right)dx$$

を計算せよ．

[3.4] フーリエ変換を利用して次の関係を満たす関数 $f(x)$ を求めよ．

$$\int_0^\infty f(x)\sin\lambda x\, dx = \lambda e^{-\lambda}$$

4

直交関数と一般のフーリエ展開

4.1 直交関数系

2章ではある関数を三角関数の和で表したが,本章では三角関数だけではなく直交関数とよばれる関数の和によってもとの関数を表すことを考える.さらに,この直交関数が次章以降で述べる偏微分方程式の境界値問題と密接に関係することも示す.

はじめに関数列について述べる.自然数 $1, 2, 3, \cdots$ に対して数字の列 $a_1, a_2, a_3, \cdots$ が定められているとき,この数字の列を数列とよび,$\{a_n\}$ などという記号で表した.これと同様に,自然数 $1, 2, 3, \cdots$ に対して関数の列 $\varphi_1(x), \varphi_2(x), \varphi_3(x), \cdots$ が定められているとき,この関数の列を関数列とよび,$\{\varphi_n(x)\}$ などという記号で表す.たとえば,

$$\{\sin nx\} \quad : \quad \sin x, \quad \sin 2x, \quad \cdots, \quad \sin nx, \quad \cdots \tag{4.1}$$

$$\{e^{i(n-1)x}\} \quad : \quad 1(= e^{i0x}), \quad e^{ix}, \quad e^{2ix}, \quad \cdots, \quad e^{i(n-1)x}, \quad \cdots \tag{4.2}$$

は関数列であり,また適当に順番をつけることにすれば

$$1, \quad \cos x, \quad \sin x, \quad \cos 2x, \quad \sin 2x, \quad \cdots \tag{4.3}$$

も関数列である.

次に直交関数列について述べるが,その前に関数が直交するということの定義を述べる.いま,2つの関数 f と g に対して,その定義域内の区間 $[a, b]$ における定積分

$$(f, g) = \int_a^b f(x)\overline{g(x)}dx \tag{4.4}$$

を関数 f, g の区間 $[a,b]$ における内積*とよび，左辺の記号で表す．ここで $\bar{g}$ は g が複素数値をとるときその共役複素数を表すが，実数値の関数の場合は g と同じである．

内積には以下の性質があることは定義からすぐに確かめられる．

(1) $(f, g) = \overline{(g, f)}$ (4.5)

(2) $(a_1 f_1 + a_2 f_2, g) = a_1 (f_1, g) + a_2 (f_2, g)$ (a_1, a_2 は定数)

あるいは一般化して

(3) $\left(\sum_{i=1}^{n} a_i f_i, g \right) = \sum_{i=1}^{n} a_i (f_i, g)$ (a_i は定数) (4.6)

すなわち，内積は線形の演算である．

◇問 **4.1**◇　次の関係が成り立つことを示せ．

$$(u+v, u+v) + (u-v, u-v) = 2(u, u) + 2(v, v)$$

$(f, g) = 0$ のとき f と g は区間 $[a,b]$ で直交するという．

さらに，f と g は直交していなくても，ある正の値をとる関数 $\rho(x)$ に対して

$$\int_a^b f(x) \overline{g(x)} \rho(x) dx = 0 \quad (4.7)$$

が成り立つとき，f と g は区間 $[a,b]$ において，ρ を重み関数として直交するという．

関数列 $\{\varphi_n(x)\}$ に含まれる任意の 2 つの関数に対して，

$$\int_a^b \varphi_m(x) \overline{\varphi_n(x)} dx = 0 \quad (m \neq n)$$

$$\int_a^b \varphi_m(x) \overline{\varphi_m(x)} dx = A \quad (A \neq 0)$$

であるならば，この関数列は（区間 $[a,b]$ において）直交関数列であるという．特に $A = 1$ のとき，正規直交関数列という．

---

* もし f と g が離散的に定義されていて，その値が $(f_1, f_2, \cdots, f_k)$ および $(g_1, g_2, \cdots, g_k)$ であればこれらはベクトルとみなせる．このとき，式 (4.4) に対応する演算は，$\int$ を Σ とみなせば，$f_1 g_1 + f_2 g_2 + \cdots + f_k g_k$ となるため内積と解釈できる．

たとえば，正弦関数の列 $\{\sin nx\}$ は

$$\int_0^\pi \sin mx \sin nx dx = -\frac{1}{2}\int_0^\pi (\cos(m+n)x - \cos(m-n)x)dx = 0$$
$$\int_0^\pi \sin^2 mx dx = \frac{1}{2}\int_0^\pi (1-\cos 2mx)dx = \frac{\pi}{2}$$

であるから，区間 $[0,\pi]$ で直交する．また複素数の指数関数列 $\{e^{inx}\}$ は

$$\int_{-\pi}^\pi e^{imx}\overline{e^{inx}}dx = \int_{-\pi}^\pi e^{i(m-n)x}dx = \left[\frac{1}{i(m-n)}e^{i(m-n)x}\right]_{-\pi}^\pi = 0 \quad (m \neq n)$$
$$\int_{-\pi}^\pi e^{imx}\overline{e^{imx}}dx = \int_{-\pi}^\pi dx = 2\pi$$

であるから区間 $[-\pi,\pi]$ で直交する．

◇問 **4.2**◇ 関数列 $\{\sin(n+1/2)x\}(n=1,2,\cdots)$ は区間 $[0,\pi]$ で直交することを示せ．

4.2 一般のフーリエ級数

フーリエ級数ではある関数を三角関数の和で表したが，sin や cos の係数を決めるとき三角関数の直交性を利用した．たとえば $f(x) = x$ を例にとれば，区間 $[0,\pi]$ で正弦関数の列 $\sin nx$ は直交するため，

$$x \sim \sum_{n=1}^\infty a_n \sin nx = a_1 \sin x + a_2 \sin 2x + \cdots + a_n \sin nx + \cdots$$

と書いた場合に，両辺と $\sin mx$ の内積を計算すれば係数を決めることができた．すなわち，内積は線形の演算であるから

$$(x, \sin mx) \sim a_1(\sin x, \sin mx) + a_2(\sin 2x, \sin mx) + \cdots$$
$$+ a_n(\sin nx, \sin mx) + \cdots$$

となるが，sin の直交性から，上式の右辺において 0 でないのは $(\sin mx, \sin mx)$ の項だけなので

$$(x, \sin mx) = a_m(\sin mx, \sin mx)$$

したがって
$$a_m = \frac{(x, \sin mx)}{(\sin mx, \sin mx)}$$
となる．ここで，$(\sin mx, \sin mx) = \pi/2$ であり，また
$$\begin{aligned}(x, \sin mx) &= \int_0^\pi x \sin mx\, dx = \left[-\frac{x}{m}\cos mx\right]_0^\pi + \frac{1}{m}\int_0^\pi \cos mx\, dx \\ &= -\frac{\pi}{m}\cos m\pi + \frac{1}{m^2}\left[\sin mx\right]_0^\pi = \frac{(-1)^{m+1}\pi}{m}\end{aligned}$$
であるから
$$a_m = \frac{2}{m}(-1)^{m+1} \quad \text{すなわち} \quad a_n = \frac{2}{n}(-1)^{n+1}$$
となる．したがって，展開式として
$$x \sim 2\sum_{n=1}^\infty \frac{(-1)^{n+1}}{n}\sin nx = 2\left(\sin x - \frac{\sin 2x}{2} + \frac{\sin 3x}{3} - \frac{\sin 4x}{4} + \cdots\right)$$
が得られる．

同様に，関数 $f(x)$ を一般の直交関数列 $\{\varphi_n(x)\}$ の和で表すことを考える．このような級数を一般のフーリエ級数という．またこの手続を一般のフーリエ展開という．いま，
$$f(x) \sim \sum_{n=1}^\infty a_n \varphi_n(x) = a_1 \varphi_1(x) + a_2 \varphi_2(x) + \cdots + a_n \varphi_n(x) + \cdots \quad (4.8)$$
と書けたとして，その係数を決めてみよう．このとき，上の例と同様に式 (4.8) と $\varphi_m(x)$ との内積を計算すると（右辺が収束して項別積分が可能であるとして）
$$(f, \varphi_m) = a_1(\varphi_1, \varphi_m) + a_2(\varphi_2, \varphi_m) + \cdots + a_n(\varphi_n, \varphi_m) + \cdots$$
となる．直交性から，上式の右辺で 0 でないのは (φ_m, φ_m) をもつ項だけであるから
$$(f, \varphi_m) = a_m(\varphi_m, \varphi_m)$$
すなわち
$$a_m = \frac{(f, \varphi_m)}{(\varphi_m, \varphi_m)} \quad \text{または} \quad a_n = \frac{(f, \varphi_n)}{(\varphi_n, \varphi_n)}$$

となる．したがって

$$f(x) \sim \sum_{n=1}^{\infty} \frac{(f, \varphi_n)}{(\varphi_n, \varphi_n)} \varphi_n(x) \tag{4.9}$$

という式が得られる．なお，内積を計算する場合の積分区間 $[a,b]$ としては直交性が成り立つ区間（sin の場合であれば $[0,\pi]$）をとる必要がある．

式 (4.9) は，フーリエ展開と同じく，もし関数が直交関数系 $\{\varphi_n\}$ で展開できたと仮定したとき，このような形になるという式であり，そのため $\sim$ という記号を使っている．また，暗黙のうちに項別積分ができると仮定している．したがって，フーリエ級数のときと同じく右辺が実際に収束するかどうかは別途考えなければならない．

以下，直交関数列 $\{\varphi_n\}$ は $(\varphi_n, \varphi_n) = 1$ を満たすとする．前述のとおりこのような直交関数列を正規直交関数列という．ただし，$\{\varphi_n\}$ が正規直交関数列でなくても，$(\varphi_n, \overline{\varphi_n}) = A$ としたとき $\varphi_n/\sqrt{A}$ で新しい関数列を定義すれば正規直交関数列になるため，直交関数列を正規直交関数列と考えても一般性を失わない．

いま，ある係数 c_n を用いて有限項の級数 $\sum_{n=1}^{N} c_n \varphi_n$ をつくって f を近似したとする．この和は f とは異なるため誤差が生じる．この誤差は場所の関数であるため，誤差の尺度として平均 2 乗誤差

$$E_N = \int_a^b \left| f - \sum_{n=1}^{N} c_n \varphi_n \right|^2 dx = \left(f - \sum_{n=1}^{N} c_n \varphi_n, f - \sum_{m=1}^{N} c_m \varphi_m \right)$$

を用いることにする．右辺を展開して計算すれば次のようになる．

$$\begin{aligned} E_N &= (f,f) - \sum_{n=1}^{N} \overline{c_n}(f, \varphi_n) - \sum_{m=1}^{N} c_m(\varphi_m, f) + \sum_{n=1}^{N}\sum_{m=1}^{N} c_n \overline{c_m}(\varphi_n, \varphi_m) \\ &= (f,f) - \sum_{n=1}^{N} \overline{c_n} \alpha_n - \sum_{m=1}^{N} c_m \overline{\alpha_m} + \sum_{n=1}^{N} c_n \overline{c_n} \\ &= (f,f) - \sum_{n=1}^{N} |\alpha_n|^2 + \sum_{n=1}^{N} |\alpha_n - c_n|^2 \end{aligned}$$

ただし，$\alpha_n = (f, \varphi_n)$ したがって $\overline{\alpha_n} = (\varphi_n, f)$ とおいた．そこで，$c_n = \alpha_n = (f, \varphi_n)$ の場合に E_n は最小になることがわかる（このことは，係数として一般フーリエ級数の係数を用いたとき平均 2 乗誤差は最小になることを意味している）．

さらに，$E_n \geq 0$ であるから，$c_n = \alpha_n$ ととったとき

$$\sum_{n=1}^{N} |(f, \varphi_n)|^2 \leq (f, f)$$

となるが，N は任意であったから

$$\sum_{n=1}^{\infty} |(f, \varphi_n)|^2 \leq (f, f) \tag{4.10}$$

となる．これを三角関数の場合の式 (2.37) と同様にベッセルの不等式という．ここで，等式が成り立つとき，すなわち

$$\sum_{n=1}^{\infty} |(f, \varphi_n)|^2 = (f, f) \tag{4.11}$$

が成り立つとき，正規関数列は完全であるという．式 (4.11) も式 (2.38) と同じくパーセバルの等式という．完全であれば

$$\left(f(x) - \sum_{n=1}^{\infty} (f, \varphi_n) \varphi_n(x), f(x) \right) = (f, f) - \sum_{n=0}^{\infty} |(f, \varphi_n)|^2 = 0$$

であるため

$$f(x) = \sum_{n=1}^{\infty} (f, \varphi_n) \varphi_n(x) \tag{4.12}$$

が成り立つといってよい．

なお，正規直交関数系の完全性を証明することはかなり高度になるため本書では省略する．

4.3 スツルム・リュービル型固有値問題

2 階線形偏微分方程式を後述の変数分離法で解くとき，次の形の常微分方程式がよく現れる：

$$\frac{d}{dx}\left\{p(x)\frac{dy}{dx}\right\} + (q(x) + \lambda\rho(x))y = 0 \qquad (a < x < b) \tag{4.13}$$

ここで，λ は定数，$p(x)$, $q(x)$, $\rho(x)$ は実関数で特に $\rho(x) > 0$ とする．この方程式をスツルム・リュービル (Sturm-Liouville) の微分方程式という．この微分方程式を $x = a$ および $x = b$ において適当な境界条件を与えて解くことを考える．

もっとも簡単な例として，λ は実数，$p(x) = 1$, $q(x) = 0$, $\rho(x) = 1$ として，区間 $[0, 1]$ で考えることにすれば

$$\frac{d^2 y}{dx^2} + \lambda y = 0 \qquad (0 < x < 1) \tag{4.14}$$

となる．この方程式に

$$y(0) = y(1) = 0 \tag{4.15}$$

という条件を課すことにする．

もとの方程式の一般解は $y = e^{kx}$ とおくことにより求まる．すなわち，この解を上式に代入して共通項で割れば

$$k^2 + \lambda = 0$$

となる．はじめに，$\lambda < 0$ のとき k は実数 $\pm\sqrt{-\lambda}$ となり

$$y = ae^{-\sqrt{-\lambda}x} + be^{\sqrt{-\lambda}x}$$

となる．ここで境界条件を考慮すると $a = b = 0$ となり，$y = 0$ という自明の解以外の解は求まらない．次に $\lambda > 0$ のときは $k = \pm\sqrt{\lambda}i$ となり，一般解は

$$y = ae^{-\sqrt{\lambda}ix} + be^{\sqrt{\lambda}ix} = A\sin\sqrt{\lambda}x + B\cos\sqrt{\lambda}x$$

となる．さらに境界条件を考慮すると $\lambda = (n\pi)^2$ のときだけ自明でない解

$$y = A\sin n\pi x$$

をもち，それ以外は $A = B = 0$ となって $y = 0$ になる．最後に $\lambda = 0$ のときもとの微分方程式は $d^2y/dx^2 = 0$ となりそれを積分して $y = ax + b$ となるが，この場合も境界条件を考慮すると $y = 0$ となる．

まとめると，微分方程式 (4.14) の境界条件 (4.15) を満足する自明でない解 ($y \neq 0$ の解) は，λ が勝手な値のときは存在せず，$\lambda = (n\pi)^2$ のときに限り存在することがわかる．このような特殊な λ の値をもとの微分方程式の固有値という．また，その固有値に対応する解（いまの場合は $\sin n\pi x$）を固有関数という．

例題 4.1

上の問題で境界条件を

$$y(0) = 0, \qquad y'(1) = 0$$

としたときの固有値および固有関数を求めよ．

【解】 本文と同様に考えると，$y = 0$ という自明な解以外に解をもつためには $\lambda > 0$ であり，このとき解として

$$y = A\sin\sqrt{\lambda}x + B\cos\sqrt{\lambda}x$$

が得られる．さらに，境界条件から

$$\begin{aligned} y(0) &= B = 0 \\ y'(1) &= A\sqrt{\lambda}\cos\sqrt{\lambda} = 0 \end{aligned}$$

となり，$\sqrt{\lambda} = (n+1/2)\pi$ であれば $y = 0$ 以外の解をもつ．したがって，固有値と固有関数は

$$\lambda = \left(n + \frac{1}{2}\right)^2 \pi^2, \qquad y = \sin\left(n + \frac{1}{2}\right)\pi x$$

◇**問 4.3**◇ 例題 4.1 で境界条件を $y'(0) = 0$, $y(1) = 0$ と変えた場合の固有値と固有関数を求めよ．

以上のことを一般化すれば，微分方程式 (4.13) の境界条件

$$y(a) = y(b) = 0 \tag{4.16}$$

を満たす自明でない解は，勝手な λ に対しては存在しないと予想される．

さて，式 (4.13) の複素共役をとった方程式は，p, q, ρ が実関数であることから

$$\frac{d}{dx}\left\{p(x)\frac{d\bar{y}}{dx}\right\} + (q(x) + \bar{\lambda}\rho(x))\bar{y} = 0 \quad (a < x < b) \tag{4.17}$$

となる．そこで式 (4.13) に $\bar{y}$ をかけたものを式 (4.17) に y をかけたものから引けば

$$\begin{aligned}(\bar{\lambda} - \lambda)y\bar{y}\rho &= (py')'\bar{y} - (p\bar{y}')'y \\ &= [(py')\bar{y} - (p\bar{y}')y]'\end{aligned}$$

となる．この式の両辺を $[a,b]$ で積分すれば

$$\begin{aligned}(\bar{\lambda} - \lambda)\int_a^b |y|^2 \rho dx &= \int_a^b [p(y'\bar{y} - y\bar{y}')]' dx \\ &= p(b)[y'(b)\overline{y(b)} - y(b)\overline{y'(b)}] - p(a)[y'(a)\overline{y(a)} - y(a)\overline{y'(a)}]\end{aligned}$$

となる．したがって，以下のどれかの境界条件があれば，この式の値は 0 になる．

(1) $y(a) = y(b) = 0$
(2) $y'(a) = y'(b) = 0$
(3) $c_1 y'(a) + c_2 y(a) = 0, \quad d_1 y'(b) + d_2 y(b) = 0$
(4) $y(a) = y(b), \quad p(a)y'(a) = p(b)y'(b)$
(5) $p(a) = p(b) = 0$ であり，$y(a)$ と $y(b)$ は有界

このとき被積分関数は正であり，積分値も正になるため $\lambda = \bar{\lambda}$ となる．

以下，これら (1)〜(5) のどれかの境界条件に対して式 (4.13) の固有値および固有関数を求めることを考える．このような問題をスツルム・リュービル型固有値問題という．$\lambda = \bar{\lambda}$ であることから，スツルム・リュービル型固有値問題の固有値は実数であることがわかる．

例題 4.2

次の微分方程式（ルジャンドル（Legendre）の微分方程式）の境界値問題

$$\frac{d}{dx}\left((1-x^2)\frac{dy}{dx}\right) + \lambda y = 0 \qquad (-1 < x < 1)$$

を考える．この問題は $\lambda = n(n+1)$ $(n = 0, 1, 2, \cdots)$ のとき

$$y_n(x) = \frac{d^n(x^2-1)^n}{dx^n} \qquad (n = 0, 1, 2, \cdots)$$

という多項式の解（固有関数）をもつことを確かめよ．

【解】 $u = (x^2-1)^n$ （$2n$ 次多項式）を x で微分して両辺に x^2-1 をかけると

$$(x^2-1)\frac{du}{dx} = 2nxu$$

となる．この式を x について $n+1$ 回微分すると（ライプニッツ (Leibniz) の公式*を用いて）

$$(x^2-1)\frac{d^{n+2}u}{dx^{n+2}} + 2(n+1)x\frac{d^{n+1}u}{dx^{n+1}} + n(n+1)\frac{d^n u}{dx^n}$$
$$= 2nx\frac{d^{n+1}u}{dx^{n+1}} + 2n(n+1)\frac{d^n u}{dx^n}$$

この式から，$y = u^{(n)}$ はもとの方程式の解であることがわかる．

この例題で求まった解 y_n の定数倍である

$$P_n(x) = \frac{1}{2^n n!}\frac{d^n(x^2-1)^n}{dx^n} \qquad (n = 0, 1, 2, \cdots) \tag{4.18}$$

をルジャンドルの多項式という．なお，ルジャンドルの微分方程式は本シリーズ 1 巻『常微分方程式』でもとりあげた．そこでは，微分方程式を解く場合に級数解の方法を用いて，解を無限級数の形に仮定して係数を決めた．そして，特に $\lambda = n(n+1)$ のときに限り，級数は有限項で切れて多項式になることを示した．その多項式が式 (4.18) の形に書けるというのが例題 4.2 であるが，特に式 (4.18) をロドリーグ (Rodrigues) の公式という．

例題 4.2 は微分方程式 (4.13) において，$p(x) = 1-x^2$, $q(x) = 0$, $\rho(x) = 1$ の場合であり，さらに $p(-1) = p(1) = 0$ であるから，スツルム・リュービル問題（境界条件は (5)）になっている．

---

* $(uv)^{(m)} = u^{(m)}v + {}_m C_1 u^{(m-1)}v^{(1)} + \cdots + {}_m C_{m-1} u^{(1)}v^{(m-1)} + v^{(m)}$

スツルム・リュービル型固有問題の相異なる固有値に対応する固有関数は，区間 $[a,b]$ において $\rho(x)$ を重み関数として直交することが以下のようにして示せる．

いま相異なる固有値を λ_1, λ_2 とし，対応する固有関数を $y_1(x)$, $y_2(x)$ とする．このとき λ_1, y_1 に対して，方程式 (4.13) は

$$\frac{d}{dx}\left\{p(x)\frac{dy_1}{dx}\right\} + (q(x) + \lambda_1\rho(x))y_1 = 0$$

となり，また λ_2, y_2 を方程式 (4.13) に代入したあと，その複素共役をとれば

$$\frac{d}{dx}\left\{p(x)\frac{d\overline{y_2}}{dx}\right\} + (q(x) + \lambda_2\rho(x))\overline{y_2} = 0$$

となる．ただし，スツルム・リューピル問題の固有値が実数であることを用いている．前と同様に第 1 番目の式に $\overline{y_2}$ をかけたものを，第 2 番目の式に y_1 をかけたものから引いたあと，両辺を $[a,b]$ で積分すれば

$$(\lambda_1 - \lambda_2)\int_a^b y_1\overline{y_2}\rho dx = -\left[p(y_1'\overline{y_2} - y_1\overline{y_2'})\right]_a^b = 0$$

となるが，仮定から $\lambda_1 \neq \lambda_2$ であるから

$$\int_a^b y_1(x)\overline{y_2(x)}\rho(x)dx = 0 \tag{4.19}$$

となり，主張が証明されたことになる．

スツルム・リューピル型固有値問題の固有値および固有関数には以下の 2 つの重要な性質がある．ここでは証明はせずに結果だけを記す．

> (1) 固有値はその最小値を λ_1 として
>
> $$-\infty < \lambda_1 < \lambda_2 < \lambda_3 < \cdots$$
>
> というように並べられる．また，固有値 λ_n に対応する固有関数 y_n は区間 $[a,b]$ の内部に n 個の零点をもつ．
>
> (2) 実関数 $f(x)$ が区間 $[a,b]$ において区分的に滑らかであるとする．このとき，$y_0(x) = 0$ を満たす x において $f(x) = 0$ であれば

$$\sum_{n=0}^{\infty}\left(\int_{a}^{b}f(\xi)\rho(\xi)y_{n}(\xi)d\xi\right)y_{n}(x)$$

は区間 $[a,b]$ において絶対かつ一様収束して，$f(x)$ となる．

例題 4.2 と上にあげた性質から，関数 $f(x)$ はルジャンドルの多項式 $P_n(x)$ を用いて一般のフーリエ展開できることがわかる．そこで，例として関数

$$f(x) = |x| \qquad (-1 \le x \le 1)$$

を $P_n(x)$ により展開してみよう．

一般のフーリエ級数の係数 c_n は式 (4.9) から

$$c_n = \frac{\int_{-1}^{1}|x|P_n(x)dx}{\int_{-1}^{1}(P_n(x))^2 dx}$$

となる．ここで，分母の値は本シリーズ 1 巻『常微分方程式』で述べたように，$2/(2n+1)$ になる．一方，ロドリーグの公式で x のかわりに $-x$ を代入したとき，n が偶数なら右辺は変化せず，n が奇数のときには符号が逆になるため，ルジャンドルの多項式は n が偶数のとき偶関数，n が奇数のとき奇関数になる．したがって，

$$\int_{-1}^{1}|x|P_{2m-1}(x)dx = 0$$

$$\begin{aligned}\int_{-1}^{1}|x|P_{2m}(x)dx &= 2\int_{0}^{1}xP_{2m}(x)dx \\ &= \frac{1}{2^{2m-1}(2m)!}\int_{0}^{1}x\frac{d^{2m}(x^2-1)^{2m}}{dx^{2m}}dx\end{aligned}$$

ここで，次の例題で示すように

$$k < n \quad \text{ならば} \quad x = \pm 1 \text{ において} \quad \frac{d^k(x^2-1)^n}{dx^k} = 0$$

であるから，

$$\int_{0}^{1}xP_{2m}dx$$

$$= \frac{1}{2^{2m-1}(2m)!} \left(\left[x \frac{d^{2m-1}(x^2-1)^{2m}}{dx^{2m-1}} \right]_0^1 - \int_0^1 \frac{d^{2m-1}(x^2-1)^{2m}}{dx^{2m-1}} dx \right)$$

$$= \frac{1}{2^{2m-1}(2m)!} \left[\frac{d^{2m-2}(x^2-1)^{2m}}{dx^{2m-2}} \right]_0^1 = \frac{(2m-2)! C_{2m-2}}{2^{2m-1}(2m)!}$$

となる.ただし,C_{2m-2} は $(x^2-1)^{2m}$ を展開したときの x^{2m-2} の係数である.
以上のことから

$$\int_{-1}^1 |x| P_{2m}(x) dx = \frac{(-1)^{m+1}(2m-2)!}{2^{2m-1}(m+1)!(m-1)!}$$

となる.また

$$\int_{-1}^1 (P_{2m}(x))^2 dx = \frac{2}{4m+1}$$

である.したがって

$$|x| \sim \sum_{m=0}^{\infty} (-1)^{m+1} \frac{(4m+1)(2m-2)!}{2^{2m}(m+1)!(m-1)!} P_{2m}(x) \quad (-1 \leq x \leq 1)$$

となる.

例題 4.3
$k < n$ ならば $x = \pm 1$ において $d^k(x^2-1)^n/dx^k = 0$ であることを示せ.
【解】 ライプニッツの公式から

$$[(x^2-1)^m]^{(k)}$$
$$= [(x+1)^m (x-1)^m]^{(k)}$$
$$= [(x+1)^m]^{(k)} (x-1)^m +_k C_1 [(x+1)^m]^{(k-1)} [(x-1)^m]^{(1)}$$
$$+ \cdots +_k C_k (x+1)^m [(x-1)^m]^{(k)}$$

となる.したがって,$k = 0, 1, \cdots, m$ に対して $x = 1$ を代入すれば右辺の各項は 0 になる.同様に $x = -1$ のときも右辺の各項は 0 になる.

▷**章末問題**◁

[4.1] 次のスツルム・リュービル型固有値問題の固有値と固有関数を求めよ．

$$\frac{d^2y}{dx^2} + \lambda y = 0 \quad (0 \le x \le \pi), \qquad y'(0) = 0, \qquad y'(\pi) = 0$$

[4.2] 次の微分方程式の境界値問題を考える．

$$\frac{d}{dx}\left(\sqrt{1-x^2}\frac{dy}{dx}\right) + \frac{\lambda}{\sqrt{1-x^2}}y = 0 \quad (-1 < x < 1)$$

$$y(-1) \text{ と } y(1) \text{ は有界}$$

(1) この問題はスツルム・リュービル型であることを確かめよ．

(2) $T_0 = 1$ は $\lambda = 0$ の場合の解であることを確かめよ．さらに，この問題は $\lambda = n^2$ $(n = 1, 2, \cdots)$ に対して，解

$$T_n(x) = \frac{1}{2^{n-1}}\cos\left(n\cos^{-1}x\right)$$

をもつことを確かめよ．

(3) (2) で得られた式が多項式になることを，$n = 1, 2, 3$ に対して確かめよ．なお，この問題で得られた多項式をチェビシェフ (Chebyshev) の多項式という．

[4.3] チェビシェフの多項式に対して

$$\int_{-1}^{1} \frac{T_n^2(x)}{\sqrt{1-x^2}}dx = \frac{\pi}{2^{2n-1}}$$

が成り立つことを証明せよ（$x = \cos\theta$ とおく）．

[4.4] 関数

$$f(x) = \begin{cases} 0 & (-1 < x < 0) \\ 1 & (0 < x < 1) \end{cases}$$

をチェビシェフの多項式を用いて展開せよ．

5

数理物理学に現れる偏微分方程式

 本シリーズ 1 巻『常微分方程式』では,主に独立変数がひとつの微分方程式(常微分方程式)について詳しく述べた.偏微分方程式についても述べたが,それは常微分方程式の解法のある意味での延長である 1 階偏微分方程式の完全解を求める解法に限った.本書の以下の章では,物理や工学に広い応用範囲をもつ 2 階線形偏微分方程式について述べる.

5.1 線形偏微分方程式

 はじめに用語についてまとめておく.微分方程式のなかで未知関数が 2 変数以上の独立変数の関数であり,方程式に偏導関数を含むような場合,特にその微分方程式を偏微分方程式という.いま,独立変数を x と y,未知関数を $u(x,y)$ とした場合,

$$\frac{\partial u}{\partial x} = \frac{\partial u}{\partial y} \tag{5.1}$$

$$\frac{\partial^2 u}{\partial x^2} + \frac{\partial^2 u}{\partial y^2} = 0 \tag{5.2}$$

$$\frac{\partial u}{\partial y} + u\frac{\partial u}{\partial x} = \frac{\partial^2 u}{\partial x^2} \tag{5.3}$$

は,すべて偏微分方程式である.偏微分方程式のなかで未知関数の最高階の偏導関数の階数を偏微分方程式の階数という.したがって,式 (5.1) は 1 階の偏微分方程式であり,式 (5.2), (5.3) は 2 階の偏微分方程式である.また未知関数について線形である場合を線形偏微分方程式,線形でない場合を非線形偏微分方程式という.したがって,式 (5.1), (5.2) は線形であり,式 (5.3) は非線形である.ただし,非線形であっても最高階の導関数に注目してそれが線形ならば準

5.1 線形偏微分方程式

線形偏微分方程式ということがある．この意味では式 (5.3) は準線形である．

本書では線形偏微分方程式だけを取り扱う．また主として 2 つの独立変数の 2 階偏微分方程式を取り扱う．こういった偏微分方程式は物理現象を記述するときよく用いられるため，独立変数は x, y または x, t とする．この場合，x や y は空間座標を表し，t は時間を意味するが，物理現象にあまり興味がなければ単なる独立変数と思えばよい．

2 変数の線形 2 階偏微分方程式は，一般に

$$A(x,y)\frac{\partial^2 u}{\partial x^2} + B(x,y)\frac{\partial^2 u}{\partial x \partial y} + C(x,y)\frac{\partial^2 u}{\partial y^2} + D(x,y)\frac{\partial u}{\partial x} + E(x,y)\frac{\partial u}{\partial y}$$
$$+ F(x,y)u = G(x,y) \tag{5.4}$$

と書ける．ここで係数の関数 $A \sim G$ は x, y の既知の関数であり，もちろん定数も含まれる．

この方程式を 2 変数の関数

$$\xi = \xi(x,y), \qquad \eta = \eta(x,y) \tag{5.5}$$

を用いて適当に変数変換すれば

$$d = B^2 - 4AC$$

の正負により，5.2 節に示すように，次の 3 種類に分類される．

(1) $d > 0$ のとき，双曲型とよぶ．このとき

$$\frac{\partial^2 u}{\partial \xi \partial \eta} = P\left(\xi, \eta, u, \frac{\partial u}{\partial \xi}, \frac{\partial u}{\partial \eta}\right) \tag{5.6}$$

または

$$\frac{\partial^2 u}{\partial \xi^2} - \frac{\partial^2 u}{\partial \eta^2} = Q\left(\xi, \eta, u, \frac{\partial u}{\partial \xi}, \frac{\partial u}{\partial \eta}\right) \tag{5.7}$$

という形に書き換えられる．これを双曲型偏微分方程式の標準形という．

(2) $d = 0$ のとき，放物型とよぶ．このとき

$$\frac{\partial^2 u}{\partial \xi^2} = R\left(\xi, \eta, u, \frac{\partial u}{\partial \xi}, \frac{\partial u}{\partial \eta}\right) \tag{5.8}$$

という形に書き換えられる．これを放物型偏微分方程式の標準形という．

(3) $d<0$ のとき，楕円型とよぶ．このとき

$$\frac{\partial^2 u}{\partial \xi^2} + \frac{\partial^2 u}{\partial \eta^2} = S\left(\xi, \eta, u, \frac{\partial u}{\partial \xi}, \frac{\partial u}{\partial \eta}\right) \tag{5.9}$$

という形に書き換えられる．これを楕円型偏微分方程式の標準形という．

双曲型の簡単な例としては，式 (5.7) の右辺を 0 とした

$$\frac{\partial^2 u}{\partial \xi^2} - \frac{\partial^2 u}{\partial \eta^2} = 0 \tag{5.10}$$

があり，1 次元波動方程式とよばれている．さらに，放物型の簡単な例として，式 (5.8) の右辺を $\partial u/\partial \eta$ とした

$$\frac{\partial^2 u}{\partial \xi^2} = \frac{\partial u}{\partial \eta} \tag{5.11}$$

があり，1 次元拡散方程式とよばれている．さらに，楕円型の簡単な例として，式 (5.9) の右辺を 0 とした

$$\frac{\partial^2 u}{\partial \xi^2} + \frac{\partial^2 u}{\partial \eta^2} = 0 \tag{5.12}$$

があり，2 次元ラプラス方程式とよばれている．

ラプラス方程式以外は，それぞれの名称が示すようにある物理量が波として伝わる波動現象，ある物理量が周囲に広がる拡散現象を表している．またラプラス方程式はある物理量が拡散し終わってそれ以上変化しない状態（平衡状態）を表す方程式である．こういった物理現象から偏微分方程式を導くことは 5.3 節で行うが，それぞれが意味する物理現象が異なっていることからも類推できるように，偏微分方程式の型が異なっていれば，数学的な性質も異なる．偏微分方程式を分類する意義はこのような点にある．

◇問 **5.1**◇ 次の偏微分方程式の型を述べよ．

(1) $u_{xx} - 2u_{xy} + u_x - u_y = 0$,　　(2) $u_{xx} + 4u_{xy} + 5u_{yy} = 0$

(3) $x^2 u_{xx} + 2xy u_{xy} + y^2 u_{yy} = 0$,　　(4) $u_{xx} - 2\sin x\, u_{xy} - \cos^2 x\, u_{yy} = 0$

5.2 偏微分方程式の標準形

線形偏微分方程式 (5.4) を変換 (5.5) により，ξ と η を独立変数とするような偏微分方程式に書き換えてみよう．まず，変数変換の公式から

$$\frac{\partial u}{\partial x} = \frac{\partial u}{\partial \xi}\frac{\partial \xi}{\partial x} + \frac{\partial u}{\partial \eta}\frac{\partial \eta}{\partial x} = u_\xi \xi_x + u_\eta \eta_x \tag{5.13}$$

$$\frac{\partial u}{\partial y} = \frac{\partial u}{\partial \xi}\frac{\partial \xi}{\partial y} + \frac{\partial u}{\partial \eta}\frac{\partial \eta}{\partial y} = u_\xi \xi_y + u_\eta \eta_y \tag{5.14}$$

となる．2 階微分については，以下のようになる（例題 5.1 参照）．

$$\frac{\partial^2 u}{\partial x^2} = \xi_x^2 u_{\xi\xi} + 2\xi_x \eta_x u_{\xi\eta} + \eta_x^2 u_{\eta\eta} + \xi_{xx} u_\xi + \eta_{xx} u_\eta \tag{5.15}$$

$$\frac{\partial^2 u}{\partial x \partial y} = \xi_x \xi_y u_{\xi\xi} + (\xi_x \eta_y + \xi_y \eta_x) u_{\xi\eta} + \eta_x \eta_y u_{\eta\eta} + \xi_{xy} u_\xi + \eta_{xy} u_\eta \tag{5.16}$$

$$\frac{\partial^2 u}{\partial y^2} = \xi_y^2 u_{\xi\xi} + 2\xi_y \eta_y u_{\xi\eta} + \eta_y^2 u_{\eta\eta} + \xi_{yy} u_\xi + \eta_{yy} u_\eta \tag{5.17}$$

例題 5.1

式 (5.16) を証明せよ．

【解】 式 (5.13), (5.14) から

$$\begin{aligned}
u_{xy} &= (u_\xi \xi_x + u_\eta \eta_x)_\xi \xi_y + (u_\xi \xi_x + u_\eta \eta_x)_\eta \eta_y \\
&= \xi_x \xi_y u_{\xi\xi} + \eta_x \xi_y u_{\eta\xi} + \xi_x \eta_y u_{\xi\eta} + \eta_x \eta_y u_{\eta\eta} \\
&\quad + ((\xi_x)_\xi \xi_y + (\xi_x)_\eta \eta_y) u_\xi + ((\eta_x)_\xi \xi_y + (\eta_x)_\eta \eta_y) u_\eta \\
&= \xi_x \xi_y u_{\xi\xi} + (\xi_x \eta_y + \xi_y \eta_x) u_{\xi\eta} + \eta_x \eta_y u_{\eta\eta} + \xi_{xy} u_\xi + \eta_{xy} u_\eta
\end{aligned}$$

となる．

なお，上式において y を x とみなせば式 (5.15) が，x を y とみなせば式 (5.17) が得られる．

式 (5.13)〜(5.17) を式 (5.4) に代入して整理すれば，

$$A^* \frac{\partial^2 u}{\partial \xi^2} + B^* \frac{\partial^2 u}{\partial \xi \partial \eta} + C^* \frac{\partial^2 u}{\partial \eta^2} + D^* \frac{\partial u}{\partial \xi} + E^* \frac{\partial u}{\partial \eta} + F^* u = G^* \qquad (5.18)$$

となる．ただし

$$\begin{cases} A^* = A\xi_x^2 + B\xi_x\xi_y + C\xi_y^2, \\ B^* = 2A\xi_x\eta_x + B(\xi_x\eta_y + \xi_y\eta_x) + 2C\xi_y\eta_y, \\ C^* = A\eta_x^2 + B\eta_x\eta_y + C\eta_y^2, \\ D^* = A\xi_{xx} + B\xi_{xy} + C\xi_{yy} + D\xi_x + E\xi_y, \\ E^* = A\eta_{xx} + B\eta_{xy} + C\eta_{yy} + D\eta_x + E\eta_y, \\ F^* = F(x(\xi,\eta), y(\xi,\eta)), \\ G^* = G(x(\xi,\eta), y(\xi,\eta)) \end{cases} \qquad (5.19)$$

である．

例題 5.2

$J = \xi_x\eta_y - \xi_y\eta_x$ としたとき

$$(B^*)^2 - 4A^*C^* = J^2(B^2 - 4AC) \qquad (5.20)$$

が成り立つことを証明せよ．

【解】

$$\begin{aligned}
(B^*)^2 - 4A^*C^* &= (2A\xi_x\eta_x + B(\xi_x\eta_y + \xi_y\eta_x) + 2C\xi_y\eta_y)^2 \\
&\quad - 4(A\xi_x^2 + B\xi_x\xi_y + C\xi_y^2) \times (A\eta_x^2 + B\eta_x\eta_y + C\eta_y^2) \\
&= 4A^2\xi_x^2\eta_x^2 + B^2(\xi_x\eta_y + \xi_y\eta_x)^2 + 4C^2\xi_y^2\eta_y^2 \\
&\quad + 4AB\xi_x\eta_x(\xi_x\eta_y + \xi_y\eta_x) + 4BC\xi_y\eta_y(\xi_x\eta_y + \xi_y\eta_x) \\
&\quad + 8AC\xi_x\xi_y\eta_x\eta_y - 4A^2\xi_x^2\eta_x^2 - 4AB\eta_x^2\xi_x\xi_y - 4AC\eta_x^2\xi_y^2 \\
&\quad - 4AB\xi_x^2\eta_x\eta_y - 4B^2\xi_x\xi_y\eta_x\eta_y - 4BC\xi_y^2\eta_x\eta_y \\
&\quad - 4AC\xi_x^2\eta_y^2 - 4BC\eta_y^2\xi_x\xi_y - 4C^2\xi_y^2\eta_y^2 \\
&= B^2((\xi_x\eta_y + \xi_y\eta_x)^2 - 4\xi_x\xi_y\eta_x\eta_y) \\
&\quad - 4AC(\xi_x^2\eta_y^2 + \xi_y^2\eta_x^2 - 2\xi_x\xi_y\eta_x\eta_y) \\
&= (B^2 - 4AC)(\xi_x\eta_y - \xi_y\eta_x)^2 = J^2(B^2 - 4AC)
\end{aligned}$$

5.2 偏微分方程式の標準形

以下，変換 (5.5) の関数を適当に選んで偏微分方程式 (5.18) の A^* と C^* を 0 にすることを考える．そのために A^* と C^* を ξ_y^2 と η_y^2 で割った式

$$\begin{cases} \dfrac{A^*}{\xi_y^2} = A\left(\dfrac{\xi_x}{\xi_y}\right)^2 + B\left(\dfrac{\xi_x}{\xi_y}\right) + C = 0, \\ \dfrac{C^*}{\eta_y^2} = A\left(\dfrac{\eta_x}{\eta_y}\right)^2 + B\left(\dfrac{\eta_x}{\eta_y}\right) + C = 0 \end{cases} \tag{5.21}$$

を利用する．ただし，$\xi_y \neq 0$, $\eta_y \neq 0$ と仮定している．

式 (5.21) において，$\xi_x/\xi_y = t$ とおけば，2 次方程式

$$At^2 + Bt + C = 0 \tag{5.22}$$

となる．また $\eta_x/\eta_y = t$ とおいても同じ方程式になる．そこで，係数にあたる A, B, C からつくられる判別式

$$d = B^2 - 4AC$$

の値によって，式 (5.22) の解は次の 3 種類に分類される．

$d > 0$ のとき　　相異なる 2 実根をもつ
$d = 0$ のとき　　1 つの実の重根をもつ
$d < 0$ のとき　　共役複素数根をもつ

そして，前節で述べたように，順に双曲型，放物型，楕円型という．以下，それぞれについて調べる．

はじめに $d > 0$ のとき，式 (5.22) の異なる実根を α と β とする．このとき，変換として

$$\frac{\xi_x}{\xi_y} = \alpha, \qquad \frac{\eta_x}{\eta_y} = \beta \tag{5.23}$$

を満たすものを選ぶと，$\alpha \neq \beta$ であるから，ξ と η は異なる関数となる．そこで，それらの関数を用いることにより，$A^* = 0$, $C^* = 0$ となるため，式 (5.18) は

$$\frac{\partial^2 u}{\partial \xi \partial \eta} = P\left(\xi, \eta, u, \frac{\partial u}{\partial \xi}, \frac{\partial u}{\partial \eta}\right) \tag{5.24}$$

という形になる．さらに，式 (5.24) において，$\xi = s - t$, $\eta = s + t$ とおけば，以下の例題が示すように

$$\frac{\partial^2 u}{\partial s^2} - \frac{\partial^2 u}{\partial t^2} = Q\left(s, t, u, \frac{\partial u}{\partial t}, \frac{\partial u}{\partial s}\right) \tag{5.25}$$

という形になる．

式 (5.24) または (5.25) を双曲型偏微分方程式の標準形という．

例題 5.3

$\xi = s - ct$, $\eta = s + ct$ という変換に対して

$$\frac{\partial^2 u}{\partial \xi \partial \eta} = \frac{1}{4c^2}\left(c^2 \frac{\partial^2 u}{\partial s^2} - \frac{\partial^2 u}{\partial t^2}\right)$$

が成り立つことを証明せよ．

【解】

$$\begin{aligned}
\frac{\partial u}{\partial s} &= \frac{\partial \xi}{\partial s}\frac{\partial u}{\partial \xi} + \frac{\partial \eta}{\partial s}\frac{\partial u}{\partial \eta} = \frac{\partial u}{\partial \xi} + \frac{\partial u}{\partial \eta} \\
\frac{\partial^2 u}{\partial s^2} &= \frac{\partial \xi}{\partial s}\frac{\partial}{\partial \xi}\left(\frac{\partial u}{\partial \xi} + \frac{\partial u}{\partial \eta}\right) + \frac{\partial \eta}{\partial s}\frac{\partial}{\partial \eta}\left(\frac{\partial u}{\partial \xi} + \frac{\partial u}{\partial \eta}\right) \\
&= \frac{\partial^2 u}{\partial \xi^2} + 2\frac{\partial^2 u}{\partial \xi \partial \eta} + \frac{\partial^2 u}{\partial \eta^2} \\
\frac{\partial u}{\partial t} &= \frac{\partial \xi}{\partial t}\frac{\partial u}{\partial \xi} + \frac{\partial \eta}{\partial t}\frac{\partial u}{\partial \eta} = -c\frac{\partial u}{\partial \xi} + c\frac{\partial u}{\partial \eta} \\
\frac{\partial^2 u}{\partial t^2} &= \frac{\partial \xi}{\partial t}\frac{\partial}{\partial \xi}\left(-c\frac{\partial u}{\partial \xi} + c\frac{\partial u}{\partial \eta}\right) + \frac{\partial \eta}{\partial t}\frac{\partial}{\partial \eta}\left(-c\frac{\partial u}{\partial \xi} + c\frac{\partial u}{\partial \eta}\right) \\
&= c^2\frac{\partial^2 u}{\partial \xi^2} - 2c^2\frac{\partial^2 u}{\partial \xi \partial \eta} + c^2\frac{\partial^2 u}{\partial \eta^2}
\end{aligned}$$

したがって

$$c^2\frac{\partial^2 u}{\partial s^2} - \frac{\partial^2 u}{\partial t^2} = 4c^2\frac{\partial^2 u}{\partial \xi \partial \eta}$$

次に，$d = 0$ の場合を考える．このとき，$\alpha = \beta$ であるため，式 (5.23) は同じ方程式になる．言い換えれば，関数として ξ または η のどちらか一方だけを

決めることができる. そこで仮に η を決めたとすれば, $C^* = 0$ となる. このとき, 式 (5.20) から

$$(B^*)^2 = (B^*)^2 - 4A^*C^* = J^2(B^2 - 4AC) = J^2 d = 0$$

となるため, $B^* = 0$ である. したがって, 式 (5.18) は $\eta_x/\eta_y = \alpha$ を満たす変換により

$$\frac{\partial^2 u}{\partial \xi^2} = R\left(\xi, \eta, u, \frac{\partial u}{\partial \xi}, \frac{\partial u}{\partial \eta}\right) \tag{5.26}$$

という形になる. 式 (5.26) を放物型偏微分方程式の標準形という.

最後に $d < 0$ の場合を考える. このとき, 式 (5.22) は共役複素根 α, $\bar{\alpha}$ をもち,

$$\frac{\xi_x}{\xi_y} = \alpha, \qquad \frac{\eta_x}{\eta_y} = \bar{\alpha} \tag{5.27}$$

となる. したがって, この方程式の解を変換に用いれば $A^* = C^* = 0$ とすることができるため, もとの偏微分方程式は式 (5.24) の形になる. 一方, 式 (5.27) の第 1 式の両辺の共役複素数は

$$\overline{\left(\frac{\xi_x}{\xi_y}\right)} = \frac{\overline{\xi_x}}{\overline{\xi_y}} = \overline{\alpha}$$

である. そこで, 式 (5.27) の第 1 式の解を ξ とすれば, $\bar{\xi}$ は第 2 式を満たす. すなわち, $\eta = \bar{\xi}$ は第 2 式の解である. したがって, 式 (5.24) は

$$\frac{\partial^2 u}{\partial \xi \partial \bar{\xi}} = T\left(\xi, \bar{\xi}, u, \frac{\partial u}{\partial \xi}, \frac{\partial u}{\partial \bar{\xi}}\right) \tag{5.28}$$

となる. ここで, 実数の変数に直すために

$$\xi = s - it, \qquad \eta = s + it \tag{5.29}$$

とおけば,

$$\frac{\partial^2 u}{\partial s^2} + \frac{\partial^2 u}{\partial t^2} = S\left(s, t, u, \frac{\partial u}{\partial s}, \frac{\partial u}{\partial t}\right) \tag{5.30}$$

となる (例題 5.3 参照). 式 (5.30) を楕円型方程式の標準形という.

以下，実際に方程式 (5.23) を解くことを考える．式 (5.23) は

$$\frac{\partial \xi}{\partial x} - \alpha \frac{\partial \xi}{\partial y} = 0, \qquad \frac{\partial \eta}{\partial x} - \beta \frac{\partial \eta}{\partial y} = 0$$

と書くことができる．したがって，1 巻の『常微分方程式』で述べたラグランジュ (Lagrange) の偏微分方程式の特殊な場合とみなせるため，補助方程式をつくって解くことができる．たとえば，第 1 式を解く場合には，補助方程式は

$$\frac{dx}{1} = -\frac{dy}{\alpha} = \frac{d\xi}{0}$$

となるため，最後の式から $d\xi = 0$ であることがわかり，$\xi = a\,(a：定数)$ が解となる．また，はじめの等式から常微分方程式

$$\frac{dy}{dx} = -\alpha(x, y) \tag{5.31}$$

が得られる．そこで，この方程式を解いて一般解

$$f(x, y) = b \tag{5.32}$$

が求まれば，もとの偏微分方程式の一般解は，ψ を任意関数として

$$\psi(f(x, y), \xi) = 0$$

となる．ただし，変換はひとつ見つかればよいので ψ はもっとも簡単なものを選べばよい．そこで，

$$\xi = f(x, y) \tag{5.33}$$

とすれば十分である．まとめると，標準形に直す変換は，常微分方程式 (5.31) が解けて式 (5.32) の形の解が求まれば，式 (5.33) で与えられる．変換 η も全く同様にして求めることができる．

例題 5.4

次の偏微分方程式を標準形に直せ．

$$y^2 u_{xx} - c^2 x^2 u_{yy} = 0 \qquad (c：定数)$$

【解】 式 (5.22) は

5.2 偏微分方程式の標準形

$$y^2 t^2 - c^2 x^2 = 0$$

となるため, 2 実根 $\alpha = -cx/y$, $\beta = cx/y$ をもつ. したがって, 式 (5.31) は

$$\frac{dy}{dx} = \frac{cx}{y}, \qquad \frac{dy}{dx} = -\frac{cx}{y}$$

となるため, 一般解は

$$y^2 - cx^2 = a, \qquad y^2 + cx^2 = b$$

となる. このことから, 変換として

$$\xi = y^2 - cx^2, \qquad \eta = y^2 + cx^2$$

を用いればよいことがわかる. このとき,

$$\xi_x = -2cx, \quad \xi_y = 2y, \qquad \eta_x = 2cx, \quad \eta_y = 2y$$

$$\xi_{xx} = -2c, \quad \xi_{xy} = 0, \quad \xi_{yy} = 2, \qquad \eta_{xx} = 2c, \quad \eta_{xy} = 0, \quad \eta_{yy} = 2$$

であるから

$$B^* = -8c^2 x^2 y^2 - 8c^2 x^2 y^2 = -16c^2 x^2 y^2 = 4c(\xi^2 - \eta^2),$$
$$D^* = -2cy^2 - 2c^2 x^2 = -2c(y^2 + cx^2) = -2c\eta,$$
$$E^* = 2cy^2 - 2c^2 x^2 = 2c(y^2 - cx^2) = 2c\xi$$
$$(A^* = C^* = F^* = G^* = 0)$$

となり, もとの方程式の標準形は

$$u_{\xi\eta} = \frac{\eta}{2(\xi^2 - \eta^2)} u_\xi - \frac{\xi}{2(\xi^2 - \eta^2)} u_\eta$$

となる.

5.3 偏微分方程式の物理現象からの導出

①波動方程式

図 5.1 に示すように有限長さ（長さ 1 とする）の弦を考える．この弦の微小振動（上下方向）を議論する．弦の振幅を u とすると，u は位置 x と時間 t の関数 $u(x,t)$ となる．弦の線密度（単位長さ当たりの重さ）は一定で ρ とする．また，弦が引っ張られた状態では張力は場所によらず一定値 T をとるとする．このとき図に示すように弦の微小部分（長さ Δx）をとりだし，この部分でニュートン（Newton）の第 2 法則（質量 × 加速度＝力）を適用してみよう．弦は軽く，弦に働く重力は張力に比べて無視できるとする．

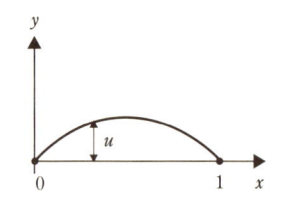

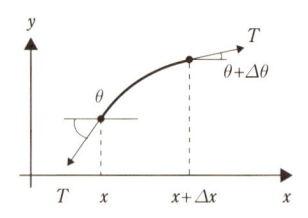

図 5.1 弦の微小振動

位置 x において弦が水平面となす角を θ，位置 $x+\Delta x$ において弦が水平面となす角を $\theta+\Delta\theta$ とする．このとき微小部分に働く力の上下方向成分は右側で $T\sin(\theta+\Delta\theta)$，左側では $T\sin\theta$ であるから，上向きに働く正味の力 F は

$$F = T\sin(\theta + \Delta\theta) - T\sin\theta \tag{5.34}$$

となる．微小振幅であるから，

$$\sin\theta \fallingdotseq \tan\theta = \left(\frac{\partial u}{\partial x}\right)_x$$

$$\sin(\theta+\Delta\theta) \fallingdotseq \tan(\theta+\Delta\theta) = \left(\frac{\partial u}{\partial x}\right)_{x+\Delta x}$$

$$\fallingdotseq \left(\frac{\partial u}{\partial x}\right)_x + \Delta x \left(\frac{\partial^2 u}{\partial x^2}\right)_x$$

ただし，2 番目の式の変形ではテイラー（Taylor）展開の公式で Δx が小さいときの近似式

5.3 偏微分方程式の物理現象からの導出

$$f(x+\Delta x) \fallingdotseq f(x) + \Delta x \left(\frac{\partial f}{\partial x}\right)$$

において $f = \partial u/\partial x$ としたものを用いている．

これらの関係を式 (5.34) に代入すれば，Δx が十分に小さいとき

$$F = T\Delta x \left(\frac{\partial^2 u}{\partial x^2}\right)$$

となる．一方，微小部分の質量は線密度を用いて $\rho\Delta x$，加速度は $\partial^2 u/\partial t^2$ である．したがって，ニュートンの第 2 法則は

$$\rho\Delta x \frac{\partial^2 u}{\partial t^2} = T\Delta x \frac{\partial^2 u}{\partial x^2}$$

すなわち

$$\frac{\partial^2 u}{\partial t^2} = c^2 \frac{\partial^2 u}{\partial x^2} \tag{5.35}$$

となる．ただし，$c = \sqrt{T/\rho} > 0$ とおいている．

この方程式は弦の振動現象を表す方程式であり，1 次元波動方程式とよばれている．そして，2 階の線形偏微分方程式であり，t を y と置き換えれば，式 (5.4) において，$A = c^2$, $C = -1$, その他の係数を 0 とおいたものに一致している．なお，$d = B^2 - 4AC = 4c^2 > 0$ であり，双曲型の偏微分方程式である．

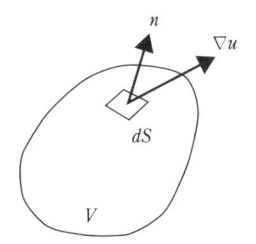

図 5.2 領域 V における熱の出入り

②熱伝導方程式

熱は温度の高い場所から低い場所に伝わる．この熱伝導は以下の法則によって支配される．

「熱は温度の高い場所から低い場所に等温面に垂直に温度勾配に比例して流れる」

これをフーリエの熱伝導の法則という．この法則を温度 u を未知関数とする偏微分方程式によって記述してみよう．図 5.2 に示すように空間内に領域 V を

考え，その表面を S とする．S をとおって微小時間 Δt の間に流入する熱量を求めてみよう．表面 S 内の微小な面 dS に垂直な外向き法線ベクトルを $\boldsymbol{n}$ とする．このとき一般に $\boldsymbol{n}$ の方向と温度勾配 ∇u の方向は一致しない．一方，フーリエの法則から熱は等温面に垂直に流れるから，面 dS をとおって流入する熱量は $-k\nabla u \cdot (-\boldsymbol{n}) = k\nabla u \cdot \boldsymbol{n}$ となる（熱は温度の高い方から低い方に流れるため流入は $-k\nabla u$ であり，外向き法線を $\boldsymbol{n}$ としたため，流入する方向は $-\boldsymbol{n}$ である）．ここで k は温度を熱量になおす係数であり，簡単のため定数とする．したがって，表面全体をとおして Δt 間に流入する熱量は

$$\Delta t \int_S k\nabla u \cdot \boldsymbol{n} dS = \Delta t \int_V \nabla \cdot (k\nabla u) dV = \Delta t \int_V k\nabla^2 u dV \tag{5.36}$$

となる．ただし，ガウス（Gauss）の定理を用いて面積分を体積積分に変換している．この熱量の流入により，領域の温度が変化する．この温度変化は Δt の間に

$$u(t + \Delta t) - u(t) \fallingdotseq \frac{\partial u}{\partial t} \Delta t$$

となる．熱量になおすためには質量と比熱 c をかければよい．領域内の微小部分の体積を dV，密度を ρ とすれば質量は $\rho\, dV$ であるから，領域全体での熱量変化は

$$\int_V \frac{\partial u}{\partial t} \Delta t c\rho\, dV = \Delta t \int_V c\rho \frac{\partial u}{\partial t} dV \tag{5.37}$$

となる．式 (5.36) と式 (5.37) は等しく，引き算すれば 0 になる．すなわち

$$\Delta t c\rho \int_V \left(\frac{\partial u}{\partial t} - \frac{k}{c\rho}\nabla^2 u \right) dV = 0$$

となるが，この等式が任意の領域について成り立つため，被積分関数は 0 であり，その結果，

$$\frac{\partial u}{\partial t} = a\nabla^2 u \qquad \left(a = \frac{k}{c\rho} > 0 \right) \tag{5.38}$$

が得られる．この式が熱伝導（およびより一般には拡散現象）を支配する方程式であり，熱伝導方程式（または拡散方程式）とよばれる．

式 (5.38) は直角座標では

$$\frac{\partial u}{\partial t} = a\left(\frac{\partial^2 u}{\partial x^2} + \frac{\partial^2 u}{\partial y^2} + \frac{\partial^2 u}{\partial z^2} \right)$$

を意味する．一方，もとの領域を平面または直線にとれば

$$\frac{\partial u}{\partial t} = a\left(\frac{\partial^2 u}{\partial x^2} + \frac{\partial^2 u}{\partial y^2}\right) \tag{5.39}$$

$$\frac{\partial u}{\partial t} = a\frac{\partial^2 u}{\partial x^2} \tag{5.40}$$

となる．これらをそれぞれ2次元熱伝導方程式および1次元熱伝導方程式という．なお，ここではuを熱と考えたが，溶液中の物質の拡散も，uを物質の濃度と考えればフーリエの熱伝導の法則と類似の法則が成り立つため，aの物理的な意味は異なるが式(5.38)が成立する．式(5.40)においてtをyとみなせば，この方程式は式(5.4)において，$A = a$，$E = -1$でそれ以外の係数を0としたものになっている．したがって，判別式は$d = B^2 - 4AC = 0$となり，放物型の偏微分方程式である．

以上の議論では，領域内に熱源（熱の発生源や吸収源）がないとしたが，熱源がある場合も考えられる．いま，点Pを含む微小領域に単位体積（面積，長さ），単位時間当たり$c\rho Q$の発熱がある場合には，領域全体ではΔtの間に

$$\Delta t \int_V c\rho Q \, dV$$

の熱が生じる．その場合，式(5.37)の下の式の右辺にこの項を付け加える必要がある．したがって，熱源がある場合の熱伝導方程式は

$$\frac{\partial u}{\partial t} = a\nabla^2 u + Q \qquad \left(a = \frac{k}{c\rho} > 0\right) \tag{5.41}$$

と修正される．

③ラプラス方程式

板の熱伝導において，たとえば板の周囲の温度を一定に保ったとすると，十分に時間が経過した後では，板の中の温度分布は時間に依存しなくなると考えられる．そのような状態では関数uには時間が現れず，式(5.39)の左辺は0になる．このとき，式(5.38)，(5.39)は

$$\nabla^2 u = 0 \tag{5.42}$$

$$\frac{\partial^2 u}{\partial x^2} + \frac{\partial^2 u}{\partial y^2} = 0 \tag{5.43}$$

となるが,この方程式をラプラス方程式という.ラプラス方程式(5.43)は式(5.4)で$A=C=1$,それ以外の係数を0とおいた方程式であり,楕円型の偏微分方程式になっている.物理的には,上述のように熱平衡状態における温度分布など,拡散する物理量の平衡状態の分布を記述する方程式を意味している.

熱源がある場合の熱平衡状態を記述する方程式は,式(5.41)を参照して

$$\nabla^2 u = -q \qquad \left(q = \frac{Q}{a} \right) \tag{5.44}$$

となり,特に2次元直角座標の場合には

$$\frac{\partial^2 u}{\partial x^2} + \frac{\partial^2 u}{\partial y^2} = -q \tag{5.45}$$

となる.式(5.44),(5.45)をポアソン(Poisson)方程式という.

5.4 偏微分方程式の解の性質

本節では,波動方程式,熱伝導方程式,ラプラス・ポアソン方程式の解の性質を調べることにする.

①波動方程式

1次元波動方程式

$$\frac{\partial^2 u}{\partial t^2} = c^2 \frac{\partial^2 u}{\partial x^2}$$

すなわち

$$c^2 \frac{\partial^2 u}{\partial x^2} - \frac{\partial^2 u}{\partial t^2} = 0$$

を解くことを考える.この方程式は,例題5.3を参考にして,

$$\xi = x - ct, \qquad \eta = x + ct \tag{5.46}$$

とおけば,

$$\frac{\partial^2 u}{\partial \xi \partial \eta} = 0 \tag{5.47}$$

と変形できる.

式(5.47)をηで積分すると,$f^*(\xi)$をξの任意関数として,

5.4 偏微分方程式の解の性質

$$\frac{\partial u}{\partial \xi} = f^*(\xi)$$

となり，さらに ξ で積分すると $g(\eta)$ を任意関数として

$$u = f(\xi) + g(\eta)$$

となる．ただし，$f(\xi)$ は $f^*(\xi)$ の積分であり，これも任意関数である．ξ, η を式 (5.46) を用いてもとの変数にもどせば，1 次元波動方程式は 2 つの任意関数 f, g を用いて

$$u(x,t) = f(x-ct) + g(x+ct) \tag{5.48}$$

という解をもつことがわかる．この解をダランベール（d'Alembert）の解という．なお，2 階の偏微分方程式の解で 2 つの任意関数をもつ解を一般解とよんでいる．

例題 5.5

波動方程式 (5.35) の解で，初期条件

$$u(x,0) = F(x), \qquad u_t(x,0) = G(x) \tag{5.49}$$

を満足するものを求めよ．

【解】 式 (5.48) をもとに考える．一般解 (5.48) とそれを t で微分した式

$$u(x,t) = f(x-ct) + g(x+ct), \qquad u_t(x,t) = -cf'(x-ct) + cg'(x+ct)$$

において，初期条件から

$$u(x,0) = f(x) + g(x) = F(x) \tag{a}$$

$$u_t(x,0) = -cf'(x) + cg'(x) = G(x) \tag{b}$$

となる．式 (b) を区間 $[a,x]$ で積分すれば

$$-f(x) + g(x) = -f(a) + g(a) + \frac{1}{c}\int_a^x G(\xi)d\xi \tag{c}$$

が得られる．式 (a) と (c) から

$$f(x) = \frac{1}{2}F(x) + \frac{1}{2}(f(a) - g(a)) - \frac{1}{2c}\int_a^x G(\xi)d\xi$$
$$g(x) = \frac{1}{2}F(x) + \frac{1}{2}(-f(a) + g(a)) + \frac{1}{2c}\int_a^x G(\xi)d\xi$$

となる．したがって，初期条件 (5.49) を満足する解として

$$\begin{aligned}u(x,t) &= f(x-ct) + g(x+ct) \\ &= \frac{1}{2}(F(x-ct) + F(x+ct)) + \frac{1}{2c}\int_{x-ct}^{x+ct} G(\xi)d\xi \quad (5.50)\end{aligned}$$

が得られる．式 (5.50) はストークス (Stokes) の公式とよばれている．

なお，ここで示したような一般解を利用する方法は，この例題ではたまたま条件を満たす解を求めることができたが，通常はうまくいかないということに注意が必要である．

◇問 5.2◇　ストークスの公式を用いて次の問題の解を求めよ．

$$u_{tt} = u_{xx}, \quad u(x,0) = \cos x, \quad u_t(x,0) = \sin x$$

式 (5.48) の意味を考えてみよう．ただし，話をはっきりさせるために $c > 0$ と仮定する．まず，第 1 項について考える．いま t をパラメータとみなし，x を横軸，u を縦軸にとってグラフを描いてみよう．$t=0$, $t=1$, $t=2$, $\cdots$ のとき式 (5.48) の第 1 項は

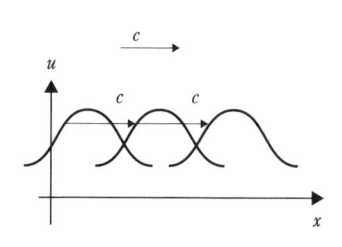

$$u(x,0) = f(x), \quad u(x,1) = f(x-c), \quad u(x,2) = f(x-2c), \quad \cdots$$

図 5.3　波の伝播 (2 次元表示)　　　図 5.4　波の伝播 (3 次元表示)

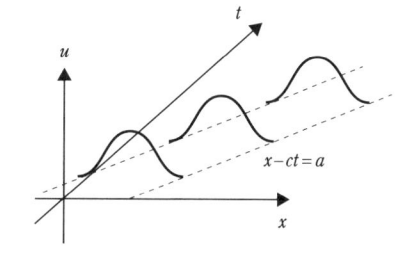

となる．$u = f(x-c)$ は $u = f(x)$ を右に c だけ平行移動したものであり，$u = f(x-2c)$ は $u = f(x-c)$ を右に c だけ平行移動したものである．したがって，これらは図 5.3 に示すようにはじめに $u = f(x)$ という分布をもった物理量が，分布の形を変えずに時間 t が 1 増えると c だけ右に，すなわち速さ c で右に伝わっていくことを意味している．言い換えれば，これは波の伝播現象を表している．図 5.4 はこの状況を 3 次元的に表示した図であるが，x–t 面上において，1 つの直線

$$x - ct = a \quad (a:定数)$$

を考えると，この直線上で f の値は $f(a)$ という一定値をとる．このように関数値が一定値をとるような独立変数の間の関係式を，2 独立変数の場合には曲線（直線を含む）になるため，特性曲線とよんでいる．

同様に考えれば，式 (5.48) の第 2 項は初期に $g(x)$ という分布をもった物理量が，分布の形を変えずに速さ c で左に伝わっていくことを意味している．そして，この場合の特性曲線は

$$x + ct = b \quad (b:定数)$$

である．

以上をまとめると，1 次元波動方程式の解は逆方向に伝わる 2 つの波の重ね合わせになり，また 2 本の特性曲線をもつことがわかる．

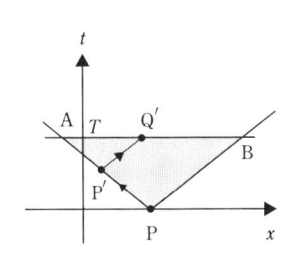

図 5.5 点 P が影響を及ぼす領域

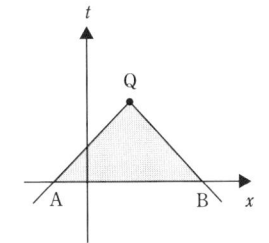

図 5.6 点 Q に影響を及ぼす領域

図 5.5 の陰影をつけた領域は，x–t 面において，$t = 0$ において x 軸上の点 P にあった物理量が時刻 $t = T$ までにどの領域に影響を及ぼしたかを示した図である．領域の境界 AP および BP は特性曲線である．前述のとおり波動方程式

では影響は特性曲線上を伝わるが，たとえば点 P′ までは，直線 AP 上にあったとしても，P′ からは BP に平行な特性曲線 P′Q′ 上にあることも可能であるため，影響を及ぼした可能性のある領域は図の陰影をつけた部分になる．

逆に図 5.6 において，点 Q に影響を及ぼした可能性のある領域は図の陰影をつけた部分になる．これは上で述べた特性曲線を考えれば明らかであるが，特に $t = 0$ において AB 上にあった点が影響を及ぼすことはストークスの公式からも明らかである．

このように特性曲線をもち，情報が決して伝わらない領域が現れることが波動方程式（双曲型方程式）の最大の特徴である．

②熱伝導方程式

1 次元の熱伝導方程式

$$\frac{\partial u}{\partial t} = a \frac{\partial^2 u}{\partial x^2} \quad (a > 0)$$

の初期条件

$$u(x, 0) = \delta(x)$$

を満足する解を調べることにする．ここで，$\delta(x)$ は 1 章で述べたディラック (Dirac) のデルタ関数である．具体的な解き方は後で示す（8 章章末問題 8.3）ことにして，結果だけを記すと

$$u(x, t) = \frac{1}{2\sqrt{\pi a t}} \exp\left(-\frac{x^2}{4at}\right) \tag{5.51}$$

である．式 (5.51) を，t をパラメータとみなしていろいろな t に対して u を x の関数として図示したものが図 5.7 である．この図や式 (5.51) の形から，初期に原点に集中していた熱が，微小時間後には（わずかながら）全空間に広がることがわかる．すなわち，波動方程式では影響（波）は有限の速さで（方向性をもって）伝わったのとは対照的に，熱は一瞬にして全空間に伝わることがわかる．

◇**問 5.3**◇ 式 (5.51) が 1 次元熱伝導方程式を満足することを確かめよ．

③ラプラス方程式

2 次元のラプラス方程式を考える前に，厳密解が簡単に求まる 1 次元ラプラス方程式

5.4 偏微分方程式の解の性質

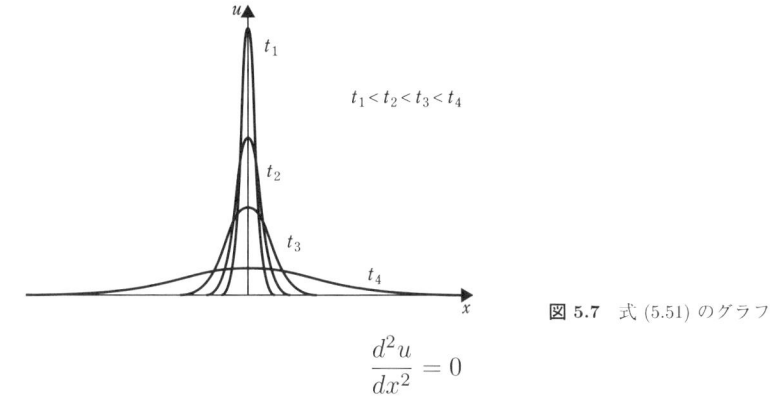

図 5.7 式 (5.51) のグラフ

$$\frac{d^2u}{dx^2} = 0$$

について考える．この方程式を領域 $a < x < b$ で境界条件

$$u(a) = c, \quad u(b) = d$$

のもとで解くと

$$u = \frac{1}{a-b}((c-d)x + (ad-bc))$$

という解が得られる．これは図 5.8 に示すような直線である．直線上の任意の 2 点 P, Q を考えると，その中点 R も同じ直線上にある．したがって，次の事実が成り立つことがわかる．ただし，ラプラス方程式の解のことを慣例に従って調和関数とよぶことにする．

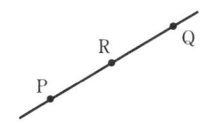

図 5.8 1 次元ラプラス方程式の解

「1 次元調和関数のある点における値は，(その点を挟む両側の点での値，すなわち) 周囲の点の値の平均値になっている」

さらに，直線 u の最大値と最小値は境界上にあるから

「1 次元調和関数は，最大値・最小値を境界でとる」

こともわかる．これらの事実はそれぞれ平均の定理と最大・最小の定理とよばれている．

実はこれらの定理は，2 次元や 3 次元の調和関数に対しても成り立つ．すなわち，平均の定理は，2 次元の場合には

2次元の調和関数に対して，定義域 D 内の 1 点 P における u の値を u_P とし，点 P を中心とする D に含まれる任意の半径 a の円周を c とすれば

$$u_P = \frac{1}{2\pi a} \oint_c u\,ds \qquad (5.52)$$

であり，3次元の場合には

3次元の調和関数に対して，定義域 D 内の 1 点 P における u の値を u_P とし，点 P を中心とする D に含まれる任意の半径 a の球面を S とすれば

$$u_P = \frac{1}{4\pi a^2} \oint_S u\,dS \qquad (5.53)$$

が成り立つ．

である．また，最大・最小の定理は 2 次元，3 次元の調和関数に対しても次のようになる．

調和関数は，最大値・最小値を境界でとる．

以下，2 次元の場合に対して，平均の定理と最大・最小の定理を証明してみよう．

2 次元の平均の定理を証明するには次のポアソンの積分公式を利用する．なお，この積分公式は 7.1 節で導く．

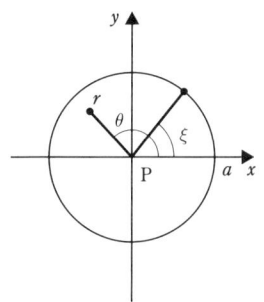

図 5.9　ポアソンの積分公式

[ポアソンの積分公式]　図 5.9 に示すように点 P を中心とするような極座

標をとったとき，次式が成り立つ．

$$u(r,\theta) = \frac{1}{2\pi}\int_0^{2\pi} \frac{a^2 - r^2}{a^2 - 2ar\cos(\theta-\xi) + r^2} u(a,\xi)d\xi \tag{5.54}$$

平均の定理はポアソンの積分公式で $r \to 0$ とすれば簡単に導ける．すなわち

$$\begin{aligned}u_{\mathrm{P}} &= u(0,\theta) = \frac{1}{2\pi}\int_0^{2\pi} u(a,\xi)d\xi = \frac{1}{2\pi a}\int_0^{2\pi} u(a,\xi)a d\xi \\ &= \frac{1}{2\pi a}\oint_c u ds\end{aligned}$$

ただし $ad\xi = ds$ を用いた．

最大・最小の定理は平均の定理から背理法を用いて次のようにして導ける．ただし，最大値と最小値のどちらに対しても同じように示せるため，最大値についてのみ示すことにする．

定理の結論を否定して，u の最大値が境界ではなく領域内の点 P にあったとして，それを $u_{\max}$ とおく．このとき，P を中心として半径 a の円を考え，円周上の u の最大値を u_a とすれば

$$u_a < u_{\max}$$

となる．一方，平均の定理を用いれば，u_a が円周上の最大値であることを考慮して

$$u_{\max} = \frac{1}{2\pi a}\oint_c u ds \leq \frac{1}{2\pi a}\oint_c u_a ds = \frac{u_a}{2\pi a}\oint_c ds = \frac{u_a}{2\pi a}\times 2\pi a = u_a$$

となり矛盾が生じる．このことは領域内に最大値があるという仮定が間違っていたことを意味する．

◇**問 5.4**◇　調和関数が領域内で最小値をとらないことを証明せよ．

最大・最小の定理から，調和関数を図示すれば，それは凹凸のない（極大，極小のない）非常に滑らかな関数であることがわかる．なぜなら，たとえばある点において極大値をとったとすれば，その極大値を中心とする小さな円を考えたとき最大・最小の定理が成り立たなくなるからである．

後章でも述べるが，ラプラス方程式は実用上，境界値問題として現れる．すなわち，ある領域があって，その領域の境界で何らかの条件を満たすような調

和関数を求める必要があることが非常に多い．そのなかで，境界全体で関数の値が与えられるような問題をディリクレ (Dirichlet) 問題という．上述の最大・最小の定理を用いれば，ディリクレ問題の解の一意性（すなわち，同じ境界条件を満たす解はひとつしかない）が以下のように簡単に証明できる．

いま
$$\nabla^2 u = 0 \quad (D \text{ 内}), \qquad u = f \quad (D \text{ の境界上})$$

を満足する解が 2 つあったとして，それらを u_1, u_2 とする．このとき
$$\nabla^2 u_1 = 0 \quad (D \text{ 内}), \qquad u_1 = f \quad (D \text{ の境界上})$$
$$\nabla^2 u_2 = 0 \quad (D \text{ 内}), \qquad u_2 = f \quad (D \text{ の境界上})$$

が成り立つ．上式から下式を引くと
$$\nabla^2 (u_1 - u_2) = 0 \quad (D \text{ 内}), \qquad u_1 - u_2 = 0 \quad (D \text{ の境界上})$$

となるが，このことは関数 $u_1 - u_2$ が調和関数であり，しかも境界上では 0 であることを意味している．ここで最大・最小の定理を用いれば，$u_1 - u_2$ の最大値と最小値はともに 0 であるため，領域 D 全体で $u_1 - u_2 = 0$ となる．すなわち，$u_1 = u_2$ となり解はひとつであることがわかる．

このようにして解の一意性が保証されれば，何らかの方法で解を見つけさえすれば，それが唯一の解になるため，たとえば次章で述べる変数分離法などによって，発見的に解を求めることが意味をもつことになる．

▷**章末問題**◁

[5.1] 次の方程式を標準形になおせ．
(1) $\dfrac{\partial^2 u}{\partial x^2} - x^2 \dfrac{\partial^2 u}{\partial y^2} = 0$,
(2) $\dfrac{\partial^2 u}{\partial x^2} - 2x \dfrac{\partial^2 u}{\partial x \partial y} + x^2 \dfrac{\partial^2 u}{\partial y^2} - 2 \dfrac{\partial u}{\partial y} = 0$

[5.2] 任意の正則関数の実部と虚部がラプラス方程式の解になることを証明せよ．

[5.3] $u = f(\boldsymbol{n} \cdot \boldsymbol{r} - ct)$ が $u_{tt} = c^2 \nabla^2 u$ の解であることを確かめよ．ただし，$|\boldsymbol{n}| = 1$, $\boldsymbol{r} = (x, y, z)$ である．

6

変数分離法による解法

本章では偏微分方程式の初期値・境界値問題を解く強力な方法である変数分離法を紹介し，前章で述べた波動方程式，熱伝導方程式，ラプラス方程式に適用することにする．

6.1　1次元波動方程式

弦の微小振動の問題にもどろう．弦の両端を固定して，初期に弦を関数 $f(x)$ の形状で静止させ，その後に振動を開始させたとする．このとき，弦はどのように振る舞うであろうか．この問題は数学的には以下のように記述される．

$$\frac{\partial^2 u}{\partial t^2} = k^2 \frac{\partial^2 u}{\partial x^2} \quad (0 < x < 1, \quad t > 0)$$

$$u(0,t) = u(1,t) = 0 \quad (t > 0) \tag{6.1}$$

$$u(x,0) = f(x), \quad u_t(x,0) = 0 \quad (0 < x < 1) \tag{6.2}$$

第1番目の式は波動方程式であり，k は正の定数である．また，第2番目の式は両端で弦が固定されている（変位が0）という条件である．これは，考えている領域の境界における条件であるため境界条件とよばれる．また最後の条件は初期の弦の形が $f(x)$ で速度が0（添字の t は t に関する偏微分を表す）という条件である．これは初期の時刻における条件であるため初期条件とよばれる．

この問題は弦の長さが有限であるため，弦の両端での条件（境界条件）が課されているところが例題5.5とは異なっている．これは少しの違いに見えるが，実はこの条件が課されると例題5.5のようなダランベールの解を出発点とするという取り扱いはできなくなる．

このような場合の解法に変数分離法とよばれる強力な方法がある．以下，この問題を用いて変数分離法を説明しよう．

解は x と t の関数であるが，特に x だけの関数 $X(x)$ と t だけの関数 $T(t)$ の積の形に書けると仮定する．すなわち

$$u(x,t) = X(x)T(t) \tag{6.3}$$

とおく．これをもとの偏微分方程式に代入すれば，左辺は t に関する微分であるから，$X(x)$ は定数とみなせ，同様に右辺は x に関する微分であるから，$T(t)$ は定数とみなせるため，

$$X(x)\frac{d^2 T}{dt^2} = k^2 T(t)\frac{d^2 X}{dx^2}$$

となる．ただし，偏微分が常微分に置き換わっているのは，微分する関数が1変数であるからである．この式の両辺を XT で割ると

$$\frac{1}{T}\frac{d^2 T}{dt^2} = \frac{k^2}{X}\frac{d^2 X}{dx^2}$$

となる．上式の左辺は t だけの関数，右辺は x だけの関数であるから，両辺が等しいということは，式の値が x と t の両方に依存しない定数であることを意味する．そこで，C を定数として

$$\frac{1}{T}\frac{d^2 T}{dt^2} = \frac{k^2}{X}\frac{d^2 X}{dx^2} = C$$

または

$$\frac{d^2 X}{dx^2} = \frac{C}{k^2}X \tag{6.4}$$

$$\frac{d^2 T}{dt^2} = CT \tag{6.5}$$

と書ける．C を分離の定数という．まとめると，解を式 (6.3) という形に仮定した結果，偏微分方程式が2つの常微分方程式になり，簡略化できたことになる．そこで，これらの方程式を境界条件および初期条件を考慮して解けばよい．境界条件 (6.1) は t によらず x だけに関する条件で，式 (6.3) を考慮すれば

$$X(0) = 0, \qquad X(1) = 0$$

6.1　1次元波動方程式

となる．まずこの条件のもとで式 (6.4) を解いてみよう．

式 (6.4) は C の正負により解の形が異なる．まず，$C > 0$ ならば A, B を任意定数として

$$X(x) = Ae^{\sqrt{C}x/k} + Be^{-\sqrt{C}x/k}$$

となる．境界条件から

$$X(0) = A + B = 0$$
$$X(1) = Ae^{\sqrt{C}/k} + Be^{-\sqrt{C}/k} = 0$$

となるが，これを満足するのは $A = B = 0$ のときに限られる．したがって，$X(x) = 0$ という自明の解しか得られない．

次に $C = 0$ のときは，2 回積分することにより

$$X(x) = Ax + B$$

となる．この場合も境界条件を課すと $A = B = 0$ となり $X(x) = 0$ という解しか得られない．

最後に $C < 0$ の場合を考える．このとき，一般解は

$$X(x) = A \sin \frac{\sqrt{-C}x}{k} + B \cos \frac{\sqrt{-C}x}{k}$$

となる．$x = 0$ における境界条件から，$B = 0$ となる．次に $x = 1$ における境界条件および $B = 0$ から

$$X(1) = A \sin \frac{\sqrt{-C}}{k} = 0$$

となる．$A = 0$ ならば前と同様に $X = 0$ となるが，それ以外に $C = -(n\pi k)^2$ であれば $A \neq 0$ であっても境界条件を満足するため，自明でない解

$$X(x) = A \sin n\pi x \tag{6.6}$$

が得られる (n: 整数)．

このように，境界条件を満足する解は任意の分離の定数に対して存在するわけではなく，特定の C の値（今の場合は離散的な値）に対してのみ存在する．境界条件によって決まるこのような特定の値を固有値という．また，この固有

値に対する解を固有関数という．この定義から式 (6.6) が固有関数であることがわかる．

次に，T に関する方程式の解を固有値を使って表せば

$$T(t) = A\sin n\pi kt + B\cos n\pi kt$$

となる．この式を微分すれば

$$T'(t) = n\pi k(A\cos n\pi kt - B\sin n\pi kt)$$

となり，$t=0$ のとき $T'(t)=0$ という初期条件を課せば $A=0$ となる．したがって，

$$T(t) = B\cos n\pi kt \tag{6.7}$$

となる．

式 (6.3)，(6.6)，(6.7) から，解の候補として

$$u(x,t) = A_n \cos n\pi kt \sin n\pi x \qquad (A_n = AB) \tag{6.8}$$

が得られる．しかし，残念ながらこの解はもうひとつの初期条件 $u(x,0)=f(x)$ を満たさない．

ここで以下のことに注意する．すなわち，式 (6.8) は n の値によってそれぞれ異なった関数となるが，それらを足し合わせたものも微分方程式と境界条件およびひとつの初期条件を満足する．したがって，

$$u(x,t) = \sum_{n=1}^{\infty} A_n \cos n\pi kt \sin n\pi x \tag{6.9}$$

も解の候補となる．そこで，この式に $t=0$ を代入して初期条件を考慮すれば

$$u(x,0) = f(x) = \sum_{n=1}^{\infty} A_n \sin n\pi x \tag{6.10}$$

となる．この式から係数 A_n が求まれば，解が得られることになる．一方，フーリエ展開を思い出せば，A_n は $f(x)$ を区間 $[0,1]$ でフーリエ展開したときの係数になっている*．すなわち，

---

* フーリエ展開の公式を忘れた場合には，三角関数の直交性を思い出せばよい．すなわち式 (6.10) の両辺に $\sin mx$ をかけて区間 $[0,1]$ で積分する．

$$A_n = 2\int_0^1 f(\xi)\sin n\pi\xi\, d\xi$$

最終的な答えはこれを式 (6.9) に代入したものであり

$$u(x,t) = \sum_{n=1}^{\infty}\left(2\int_0^1 f(\xi)\sin n\pi\xi\, d\xi\right)\cos n\pi kt \sin n\pi x$$

である．ただし，右辺の級数は収束するものとしている．

例題 6.1
$f(x) = a\sin 2\pi x$ および $f(x) = bx(1-x)$ のとき，波動方程式の初期値・境界値問題 (6.1), (6.2) の解を求めよ．

【解】 $u(x,0) = f(x) = a\sin 2\pi x$ の場合は式 (6.10) の A_n として，$n \neq 2$ で $A_n = 0$, $n = 2$ で $A_n = a$ とすればよい．したがって，式 (6.9) を用いて

$$u(x,t) = a\cos 2\pi kt \sin 2\pi x$$

となる．

一方，$u(x,0) = f(x) = bx(1-x)$ の場合はフーリエ係数 A_n を計算する．このとき，

$$A_n = 2\int_0^1 b\xi(1-\xi)\sin n\pi\xi\, d\xi = \frac{4b(1-\cos n\pi)}{n^3\pi^3}$$

となるため

$$u(x,t) = \sum_{n=1}^{\infty}\frac{4b(1-(-1)^n)}{n^3\pi^3}\cos n\pi kt \sin n\pi x$$

◇問 **6.1**◇ 上の例題で $f(x) = 2\sin\pi x - 4\sin 5\pi x$ のとき解を求めよ．

例題 6.2
式 (6.1) の $x = 1$ での境界条件を $u'(1) = 0$ に変化させたときの解を求めよ．

【解】 本文と同様にすれば，X に対する方程式で 0 以外の解をもつために

は，分離の定数 C は負で

$$X(x) = A\sin\frac{\sqrt{-C}x}{k} + B\cos\frac{\sqrt{-C}x}{k}$$

となる．ここで，$x(0) = 0$ から $B = 0$ となり，さらに $X'(1) = 0$ を考慮すれば

$$A\frac{\sqrt{-C}}{k}\cos\frac{\sqrt{-C}}{k} = 0$$

となる．したがって，$A \neq 0$ であるためには，$\sqrt{-C}/k = (n+1/2)\pi$ であり，これから

$$X(x) = A\sin\left(n+\frac{1}{2}\right)\pi x$$

が得られる．さらに本文と同様の手順を踏めば

$$u(x,t) = \sum_{n=1}^{\infty} A_n \cos\left(n+\frac{1}{2}\right)\pi kt \sin\left(n+\frac{1}{2}\right)\pi x$$

となる．ただし，

$$A_n = 2\int_0^1 f(\xi)\sin\left(n+\frac{1}{2}\right)\pi\xi d\xi$$

である．

ここで述べた変数分離法の手順をまとめると次のようになる．

---

(1) 解を x だけの関数と t だけの関数の積の形に仮定してもとの偏微分方程式に代入する．変数が分離される場合には，2つの常微分方程式が得られる．

(2) 1つの常微分方程式を境界条件を考慮して解く．この場合，固有値と固有関数が求まる．固有値を用いてもうひとつの方程式を，境界（初期）条件の一部を用いて解く．

(3) 解を重ね合わせて，残りの境界（初期）条件を満たすように未知の係数を求める．

6.2 ラプラス方程式

本節ではラプラス方程式を変数分離法で解くことにする．具体例として，

$$\frac{\partial^2 u}{\partial x^2} + \frac{\partial^2 u}{\partial y^2} = 0 \quad (0 < x < 1, \quad t > 0)$$

境界条件： $u(0, y) = -4, \quad u(1, y) = 4 \quad (0 < y < 1)$ (6.11)

$\qquad\qquad u(x, 0) = 0, \quad u(x, 1) = 0 \quad (0 < x < 1)$ (6.12)

をとりあげる．これは図 6.1 に示すように 1 辺の長さが 1 の正方形をした（熱伝導率が一定の）平板の 4 つの辺に，境界条件で指定された温度を与えたときの，熱平衡状態での温度分布を求める問題である．

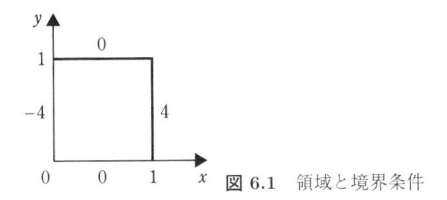

図 6.1 領域と境界条件

変数分離法の一般的な手順に従って，まず解を x だけの関数 $X(x)$ と y だけの関数 $Y(y)$ の積の形に仮定してもとの方程式に代入する．そして両辺を XY で割れば，

$$\frac{1}{X}\frac{d^2 X}{dx^2} + \frac{1}{Y}\frac{d^2 Y}{dy^2} = 0$$

となるが，この方程式は

$$\frac{1}{X}\frac{d^2 X}{dx^2} = -\frac{1}{Y}\frac{d^2 Y}{dy^2} \quad (= C)$$

と変形でき，2 つの常微分方程式

$$\frac{d^2 Y}{dy^2} + CY = 0$$

$$\frac{d^2 X}{dx^2} - CX = 0$$

が得られる．これらの方程式を境界条件を考慮して解く必要があるが，境界条件は Y に関するものの方が

$$Y(0) = Y(1) = 0$$

を意味して簡単であるため，はじめに Y に関する方程式を解くことにする．前節の波動方程式の場合と同様に，$Y = 0$ 以外にこの条件を満足する解をもつためには $C > 0$ である必要がある．そこで $C = k^2$ とおけば，常微分方程式の一般解は

$$Y(y) = A\sin ky + B\cos ky$$

となる．ここで，境界条件から $B = 0$，$k = n\pi$（n：整数）であることがわかり，境界条件を満足するひとつの解として

$$Y(y) = \sin n\pi y$$

が得られる．さらに，このとき X に関する方程式は

$$\frac{d^2 X}{dx^2} - n^2 \pi^2 X = 0$$

となるため，この方程式を解けば一般解として

$$X(x) = De^{n\pi x} + Ee^{-n\pi x}$$

が得られる．

最後に残りの境界条件を満足させるために，解を重ね合わせて

$$u(x,y) = \sum_{n=1}^{\infty}(D_n e^{n\pi x} + E_n e^{-n\pi x})\sin n\pi y$$

とおく．

$$\begin{aligned}
u(0,y) &= \sum_{n=1}^{\infty}(D_n + E_n)\sin n\pi y = -4 \\
u(1,y) &= \sum_{n=1}^{\infty}(D_n e^{n\pi} + E_n e^{-n\pi})\sin n\pi y = 4
\end{aligned}$$

であるから，それぞれの式の両辺に $\sin m\pi y$ をかけて区間 $[0,1]$ で積分すれば，三角関数の直交性を用いて

$$-4\int_0^1 \sin m\pi y\, dy = \sum_{n=1}^{\infty}(D_n + E_n)\int_0^1 \sin n\pi y \sin m\pi y\, dy$$

$$= \frac{1}{2}(D_m + E_m)$$

$$4\int_0^1 \sin m\pi y\, dy = \sum_{n=1}^{\infty}(D_n e^{n\pi} + E_n e^{-n\pi})\int_0^1 \sin n\pi y \sin m\pi y\, dy$$

$$= \frac{1}{2}(D_m e^{m\pi} + E_m e^{-m\pi})$$

となる．したがって

$$D_n + E_n = -8\int_0^1 \sin n\pi y\, dy = -\frac{8(1-\cos n\pi)}{n\pi} = -\frac{8(1-(-1)^n)}{n\pi}$$

$$D_n e^{n\pi} + E_n e^{-n\pi} = 8\int_0^1 \sin n\pi y\, dy = \frac{8(1-\cos n\pi)}{n\pi} = \frac{8(1-(-1)^n)}{n\pi}$$

であり，この連立 2 元 1 次方程式を解けば係数として

$$D_n = \frac{8(1-(-1)^n)(1+e^{-n\pi})}{n\pi(e^{n\pi}-e^{-n\pi})}, \qquad E_n = -\frac{8(1-(-1)^n)(1+e^{n\pi})}{n\pi(e^{n\pi}-e^{-n\pi})}$$

が得られる．ここで

$$\frac{e^{n\pi x}-e^{-n\pi x}}{2} = \sinh n\pi x$$

に注意すれば，最終的な解は

$$u(x,y) = \frac{8}{\pi}\sum_{n=1}^{\infty}\frac{1-(-1)^n}{n}\frac{\sinh n\pi x + \sinh n\pi(x-1)}{\sinh n\pi}\sin n\pi y \qquad (6.13)$$

となることがわかる．

◇問 **6.2**◇　式 (6.11) で $x=0$ における境界条件を $u(0,y)=0$ とした場合の解を求めよ．

6.3　熱伝導方程式その 1

図 6.2 に示すように長さ 1 の針金を考え，両端を温度 0 に保った状態を考える．このとき，初期の針金の温度分布を $f(x)$ で与えた場合の，熱伝導方程式の

解を求めてみよう．ただし，簡単のため熱伝導係数は 1 にする．この問題は数学的には

$$\frac{\partial u}{\partial t} = \frac{\partial^2 u}{\partial x^2} \quad (0 < x < 1, \quad t > 0)$$

境界条件： $u(0,t) = u(1,t) = 0, \quad (t > 0)$

初期条件： $u(x,0) = f(x) \quad (0 < x < 1)$

を解くことになる．波動方程式の場合と同様に変数分離法を用いて，前節の終わりの部分に記した手順で解いてみよう．

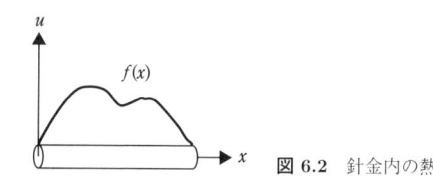

図 6.2 針金内の熱伝導

(1) $u(x,t) = X(x)T(t)$ とおいて偏微分方程式に代入する．その結果

$$X(x)\frac{dT}{dt} = T(t)\frac{d^2 X}{dx^2}$$

となる．この式の両辺を XT で割ると

$$\frac{1}{T}\frac{dT}{dt} = \frac{1}{X}\frac{d^2 X}{dx^2} = C$$

となる．ただし，左辺は t だけの関数，右辺は x だけの関数であるから，式の値は x にも t にも依存しない定数になり，それを C と記している．これから 2 つの常微分方程式

$$\frac{d^2 X}{dx^2} = CX \tag{6.14}$$

$$\frac{dT}{dt} = CT \tag{6.15}$$

が得られる．

(2) 次に X に関する方程式を境界条件を考慮して解く．境界条件は t によらずに x だけに関する条件で，

$$X(0) = 0, \quad X(1) = 0$$

である．この問題は長さ 1 の弦の振動の問題に現れた方程式（ただし $k=1$ とおく）および境界条件と全く同じであるため，$X=0$ 以外の解をもつためには，$C<0$ である必要があり，一般解は

$$X(x) = A\sin\sqrt{-C}x + B\cos\sqrt{-C}x$$

となる．$x=0$ における境界条件から，$B=0$ となる．次に $x=1$ における境界条件および $B=0$ から

$$X(1) = A\sin\sqrt{-C} = 0$$

となる．したがって，n を整数として $C=-(n\pi)^2$ であれば $A\neq 0$ であっても境界条件を満足する．これで固有値が求まったため，この C の値および $B=0$ を一般解に代入すれば，固有関数

$$X(x) = A\sin n\pi x$$

が得られる．

(3) 固有値を T に関する方程式に代入した後，それを解けば，D を任意定数として

$$T(t) = De^{-n^2\pi^2 t}$$

となる．したがって，解の候補のひとつとして

$$u(x,t) = A_n e^{-n^2\pi^2 t}\sin n\pi x \qquad (A_n = AD)$$

が得られるが，これは一般に初期条件 $u(x,0)=f(x)$ を満たさない．そこで，これらを足し合わせたもの

$$u(x,t) = \sum_{n=1}^{\infty} A_n e^{-n^2\pi^2 t}\sin n\pi x$$

を解の候補とする．

この式に $t=0$ を代入して初期条件を考慮すれば

$$u(x,0) = f(x) = \sum_{n=1}^{\infty} A_n \sin n\pi x$$

となる．弦の振動の問題と同様に，未知の係数 A_n は $f(x)$ を区間 $[0,1]$ でフーリエ正弦展開したときの係数となるため，

$$A_n = 2\int_0^1 f(\xi)\sin n\pi\xi d\xi$$

より求まる．したがって，境界条件および初期条件を満足する解として

$$u(x,t) = \sum_{n=1}^{\infty}\left(2\int_0^1 f(\xi)\sin n\pi\xi d\xi\right) e^{-n^2\pi^2 t}\sin n\pi x \qquad (6.16)$$

が得られる．ただし，右辺の級数は収束するものとしている．

例題 6.3

本節でとりあげた問題で，
(1) $f(x) = 2\sin 2\pi x - 3\sin 3\pi x$,
(2) $f(x) = \begin{cases} x & (0 < x < 1/2) \\ 1-x & (1/2 < x < 1) \end{cases}$
のときの解を求めよ．

【解】 (1) 係数を比較する．すなわち

$$u(x,0) = f(x) = \sum_{n=1}^{\infty} A_n \sin n\pi x = 2\sin 2\pi x - 3\sin 3\pi x$$

より，$A_1 = 0$, $A_2 = 2$, $A_3 = -3$, $A_n = 0$ $(n = 4, 5, \cdots)$ となる．したがって

$$u(x,t) = 2e^{-4\pi^2 t}\sin 2\pi x - 3e^{-9\pi^2 t}\sin 3\pi x$$

となる．

(2) 式 (6.16) の係数を計算する．すなわち，

$$\int_0^1 f(\xi)\sin n\pi\xi d\xi = \int_0^{1/2} \xi\sin n\pi\xi d\xi + \int_{1/2}^1 (1-\xi)\sin n\pi\xi d\xi$$

$$= \frac{2}{n^2\pi^2}\sin\left(\frac{n\pi}{2}\right)$$

となる．したがって，

$$u(x,t) = \sum_{n=1}^{\infty}\left(\frac{4}{n^2\pi^2}\sin\left(\frac{n\pi}{2}\right)\right) e^{-n^2\pi^2 t}\sin n\pi x$$

◇問 **6.3**◇　本節でとりあげた問題で，$f(x) = 1$ の場合の解を求めよ．

6.4　熱伝導方程式その 2

[半無限長さの針金の熱伝導]

　前節の問題で右の境界を無限遠まで延ばしたとき，解はどうなるかを考えてみよう．数学的にはこの問題は，以下のようになる．

$$\frac{\partial u}{\partial t} = \frac{\partial^2 u}{\partial x^2} \quad (x > 0, \, t > 0)$$

境界条件： $u(0, t) = 0 \quad (t > 0)$

初期条件： $u(x, 0) = f(x) \quad (x > 0)$

無限長の弦の振動問題と同じく，遠方での境界条件は課さないが，解は全区間で有界とする．前節の有限長の針金の問題と同じく $u(x, t) = X(x)T(t)$ とおいて変数分離法で解くと，前節と全く同じ 2 つの常微分方程式が得られる．t に関する方程式を解くと一般解は

$$T(t) = De^{Ct}$$

となるが，$t > 0$ で解が有界なので，C は負でなければならない．そこで $C = -\lambda^2$ （ただし $\lambda > 0$）とおく．このとき，X に関する方程式の一般解は

$$X(x) = A \sin \lambda x + B \cos \lambda x$$

となるが，$X(0) = 0$ という境界条件を満たす必要があるため，$B = 0$ となる．したがって，解の候補のひとつとして

$$u(x, t) = D_\lambda e^{-\lambda^2 t} \sin \lambda x \quad (D_\lambda = AD)$$

が得られる．しかし，この解も $t = 0$ での初期条件は満足しない．そこで解を重ね合わせることを考える．有限長の針金の場合には $X(1) = 0$ という境界条件から固有値はとびとびの値であったため，重ね合わせは総和の形になった．一方，この問題では固有値にはそういった制限はなく連続的な値をとる．したがって，総和は積分の形となり

$$u(x,t) = \int_0^\infty D(\lambda) e^{-\lambda^2 t} \sin \lambda x \, d\lambda \tag{6.17}$$

と表せる．ただし，係数 D_λ は λ の値によって異なってよいため，λ の関数とみなして $D(\lambda)$ と記している．この解が初期条件を満足するため，

$$u(x,0) = f(x) = \int_0^\infty D(\lambda) \sin \lambda x \, d\lambda$$

が成り立つ．この式は関数 $\sqrt{\pi/2}D$ の逆フーリエ正弦変換が f であることを意味している．したがって，f のフーリエ正弦変換が $\sqrt{\pi/2}D$ であることから

$$\sqrt{\frac{\pi}{2}} D(\lambda) = \sqrt{\frac{2}{\pi}} \int_0^\infty f(x) \sin \lambda x \, dx$$

すなわち，

$$D(\lambda) = \frac{2}{\pi} \int_0^\infty f(\xi) \sin \lambda \xi \, d\xi \tag{6.18}$$

となる．解はこの式を式 (6.17) に代入したもので

$$u(x,t) = \frac{2}{\pi} \int_0^\infty \left(\int_0^\infty f(\xi) \sin \lambda \xi \, d\xi \right) e^{-\lambda^2 t} \sin \lambda x \, d\lambda \tag{6.19}$$

となる．

例題 6.4

$$f(x) = \begin{cases} 1 & (0 \le x \le 1) \\ 0 & (x > 1) \end{cases}$$

のときの解を求めよ．

【解】

$$D(\lambda) = \frac{2}{\pi} \int_0^\infty f(\xi) \sin \lambda \xi \, d\xi = \frac{2}{\pi} \int_0^1 \sin \lambda \xi \, d\xi = \frac{2}{\pi} \frac{1-\cos \lambda}{\lambda}$$

となる．したがって解は

$$u(x,t) = \frac{2}{\pi} \int_0^\infty \frac{1-\cos \lambda}{\lambda} e^{-\lambda^2 t} \sin \lambda x \, d\lambda$$

▷章末問題◁

[6.1] 熱伝導方程式の次の境界値問題を解け.
$$\frac{\partial u}{\partial t} = 4\frac{\partial^2 u}{\partial x^2} + u \qquad (0 < x < \pi,\ t > 0)$$
$$u(0,t) = u(\pi,t) = 0, \qquad u(x,0) = \sin 2x - 4\sin 4x$$

[6.2] 波動方程式の次の初期値・境界値問題を解け.
$$\frac{\partial^2 u}{\partial t^2} = 4\frac{\partial^2 u}{\partial x^2} + u \qquad (0 < x < \pi,\ t > 0)$$
$$u(0,t) = u(\pi,t) = 0, \qquad u(x,0) = \sin 2x - 4\sin 4x, \qquad u_t(x,0) = 0$$

[6.3] 波動方程式の次の初期値・境界値問題を解け.
$$\frac{\partial^2 u}{\partial t^2} = 4\frac{\partial^2 u}{\partial x^2} - 2\frac{\partial u}{\partial t} \qquad (0 < x < \pi,\ t > 0)$$
$$u(0,t) = u(\pi,t) = 0, \qquad u(x,0) = \sin 2x - 4\sin 4x, \qquad u_t(x,0) = 0$$

[6.4] ラプラス方程式の次の境界値問題
$$\frac{\partial^2 u}{\partial x^2} + \frac{\partial^2 u}{\partial y^2} = 0 \qquad (0 < x < a,\ \ 0 < y < b)$$
$$u(0,y) = f_1(y), \qquad u(a,y) = 0, \qquad u(x,0) = 0, \qquad u(x,b) = 0$$
を満たす解を u_1 とすれば
$$u_1(x,y) = \sum_{n=1}^{\infty} \frac{A_n}{\sinh(n\pi/b)} a \sinh\left(\frac{n\pi}{b}(a-x)\right) \sin\frac{n\pi}{b}y$$
ただし
$$A_n = \frac{2}{b}\int_0^b f_1(\eta) \sin\frac{n\pi\eta}{b} d\eta$$
であることを確かめよ. このことを使って, 以下の境界条件を満たす解 $u_2,\ u_3,\ u_4$ を求めよ.

$$u_2(0,y) = 0, \qquad u_2(a,y) = f_2(y), \qquad u_2(x,0) = 0, \qquad u_2(x,b) = 0$$
$$u_3(0,y) = 0, \qquad u_3(a,y) = 0, \qquad u_3(x,0) = f_3(x), \qquad u_3(x,b) = 0$$
$$u_4(0,y) = 0, \qquad u_4(a,y) = 0, \qquad u_4(x,0) = 0, \qquad u_4(x,b) = f_4(x)$$

また, $u = u_1 + u_2 + u_3 + u_4$ が満たす方程式と境界条件を求めよ.

7

いろいろな境界値問題

7.1 円形領域におけるラプラス方程式

前章（6.4節）では，ラプラス方程式の境界値問題を正方形領域で考えた．本節では，円形領域においてラプラス方程式の境界値問題をとりあげる．

以下，半径1の円板を考え，その熱平衡状態での温度分布を，円周上の温度分布 f を与えた場合に求める問題について考えてみよう．この問題は数学的には，ラプラス方程式

$$\nabla^2 u = \frac{\partial^2 u}{\partial x^2} + \frac{\partial^2 u}{\partial y^2} = 0 \tag{7.1}$$

を $x^2 + y^2 < 1$ の領域で

$$u(x,y) = f(x,y) \qquad (x^2 + y^2 = 1 \text{ 上})$$

という境界条件のもとで解くことに対応する．

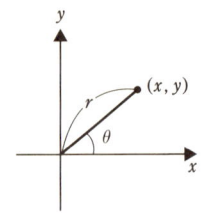

図 7.1 極座標

この問題は円形境界をもつため，境界条件を課す場合に，図 7.1 に示すような極座標を用いるのが便利である．そこで，まず

$$x = r\cos\theta, \qquad y = r\sin\theta \tag{7.2}$$

7.1 円形領域におけるラプラス方程式

とおいて、ラプラス方程式の独立変数を (x, y) から (r, θ) に変換する.

例題 7.1

ラプラス方程式を極座標で表せ（極座標でのラプラス方程式）.

$$x = r\cos\theta, \qquad y = r\sin\theta \tag{7.3}$$

であるから

$$r = \sqrt{x^2 + y^2}, \qquad \theta = \tan^{-1}\frac{y}{x} \tag{7.4}$$

となる. 偏微分の変数変換の関係

$$\frac{\partial u}{\partial x} = \frac{\partial r}{\partial x}\frac{\partial u}{\partial r} + \frac{\partial \theta}{\partial x}\frac{\partial u}{\partial \theta}, \qquad \frac{\partial u}{\partial y} = \frac{\partial r}{\partial y}\frac{\partial u}{\partial r} + \frac{\partial \theta}{\partial y}\frac{\partial u}{\partial \theta} \tag{7.5}$$

に, 式 (7.4) から得られる関係

$$\begin{aligned}
\frac{\partial r}{\partial x} &= \frac{2x}{2\sqrt{x^2+y^2}} = \frac{2r\cos\theta}{2r} = \cos\theta \\
\frac{\partial r}{\partial y} &= \frac{2y}{2\sqrt{x^2+y^2}} = \frac{2r\sin\theta}{2r} = \sin\theta \\
\frac{\partial \theta}{\partial x} &= \frac{-y/x^2}{1+(y/x)^2} = -\frac{y}{x^2+y^2} = -\frac{r\sin\theta}{r^2} = -\frac{\sin\theta}{r} \\
\frac{\partial \theta}{\partial y} &= \frac{1/x}{1+(y/x)^2} = \frac{x}{x^2+y^2} = \frac{r\cos\theta}{r^2} = \frac{\cos\theta}{r}
\end{aligned}$$

を代入すれば

$$\begin{cases}
\dfrac{\partial u}{\partial x} = \cos\theta \dfrac{\partial u}{\partial r} - \dfrac{\sin\theta}{r}\dfrac{\partial u}{\partial \theta} \\
\dfrac{\partial u}{\partial y} = \sin\theta \dfrac{\partial u}{\partial r} + \dfrac{\cos\theta}{r}\dfrac{\partial u}{\partial \theta}
\end{cases} \tag{7.6}$$

となる.

2 階微分はこの関係を 2 回使えばよい. 具体的には

$$\frac{\partial^2 u}{\partial x^2} = \frac{\partial}{\partial x}\left(\frac{\partial u}{\partial x}\right) = \frac{\partial r}{\partial x}\frac{\partial}{\partial r}\left(\frac{\partial u}{\partial x}\right) + \frac{\partial \theta}{\partial x}\frac{\partial}{\partial \theta}\left(\frac{\partial u}{\partial x}\right)$$

$$= \frac{\partial r}{\partial x}\frac{\partial}{\partial r}\left(\cos\theta\frac{\partial u}{\partial r} - \frac{\sin\theta}{r}\frac{\partial u}{\partial \theta}\right) + \frac{\partial \theta}{\partial x}\frac{\partial}{\partial \theta}\left(\cos\theta\frac{\partial u}{\partial r} - \frac{\sin\theta}{r}\frac{\partial u}{\partial \theta}\right)$$

$$= \cos\theta\left(\cos\theta\frac{\partial^2 u}{\partial r^2} - \frac{\sin\theta}{r}\frac{\partial^2 u}{\partial r\partial \theta} + \frac{\sin\theta}{r^2}\frac{\partial u}{\partial \theta}\right)$$

$$-\frac{\sin\theta}{r}\left(\cos\theta\frac{\partial^2 u}{\partial r\partial \theta} - \sin\theta\frac{\partial u}{\partial r} - \frac{\sin\theta}{r}\frac{\partial^2 u}{\partial \theta^2} - \frac{\cos\theta}{r}\frac{\partial u}{\partial \theta}\right)$$

および同様にして

$$\frac{\partial^2 u}{\partial y^2} = \sin\theta\left(\sin\theta\frac{\partial^2 u}{\partial r^2} + \frac{\cos\theta}{r}\frac{\partial^2 u}{\partial r\partial \theta} - \frac{\cos\theta}{r^2}\frac{\partial u}{\partial \theta}\right)$$

$$+\frac{\cos\theta}{r}\left(\sin\theta\frac{\partial^2 u}{\partial r\partial \theta} + \cos\theta\frac{\partial u}{\partial r} + \frac{\cos\theta}{r}\frac{\partial^2 u}{\partial \theta^2} - \frac{\sin\theta}{r}\frac{\partial u}{\partial \theta}\right)$$

が得られる．この 2 式を加えれば

$$\frac{\partial^2 u}{\partial x^2} + \frac{\partial^2 u}{\partial y^2} = \frac{\partial^2 u}{\partial r^2} + \frac{1}{r}\frac{\partial u}{\partial r} + \frac{1}{r^2}\frac{\partial^2 u}{\partial \theta^2} = 0 \qquad (7.7)$$

上の例題から，本節でとりあげる問題は

$$\frac{\partial^2 u}{\partial r^2} + \frac{1}{r}\frac{\partial u}{\partial r} + \frac{1}{r^2}\frac{\partial^2 u}{\partial \theta^2} = 0 \qquad (0 < r < 1,\ 0 \leq \theta < 2\pi) \qquad (7.8)$$

を境界条件

$$u(1,\theta) = f(\theta) \qquad (0 \leq \theta < 2\pi) \qquad (7.9)$$

$$u(r,2\pi) = u(r,0) \qquad (0 < r < 1) \qquad (7.10)$$

のもとで解く問題に帰着される．後の境界条件は極座標を用いたために必然的に課される条件であり，極座標では点 $(r,2\pi)$ と $(r,0)$ は同一点を表すためである．

この問題を，前章の手順に従って変数分離法で解いてみよう．

(1) 解を r だけの関数 $R(r)$ と θ だけの関数 $\Theta(\theta)$ の積の形

$$u(r,\theta) = R(r)\Theta(\theta)$$

に仮定して式 (7.8) に代入する．その結果，

7.1 円形領域におけるラプラス方程式

$$\Theta\frac{d^2R}{dr^2} + \frac{\Theta}{r}\frac{dR}{dr} = -\frac{R}{r^2}\frac{d^2\Theta}{d\theta^2}$$

となるが，両辺に $r^2/(R\Theta)$ をかければ変数が分離されて

$$\frac{1}{R}\left(r^2\frac{d^2R}{dr^2} + r\frac{dR}{dr}\right) = -\frac{1}{\Theta}\frac{d^2\Theta}{d\theta^2} = C$$

すなわち

$$\frac{d^2\Theta}{d\theta^2} + C\Theta = 0 \tag{7.11}$$

$$r^2\frac{d^2R}{dr^2} + r\frac{dR}{dr} - CR = 0 \tag{7.12}$$

という2つの常微分方程式が得られる．

(2) Θ は境界条件 (7.10) から 2π の周期性をもつため，分離の定数 C は，m を整数として

$$C = m^2$$

でなければならない．なぜなら，この場合には方程式 (7.11) は，A, B を任意定数として，

$$\Theta(\theta) = A\sin m\theta + B\cos m\theta \tag{7.13}$$

という 2π 周期の一般解をもつが，それ以外の場合には 2π 周期の解をもたないからである．ここで $m \geq 0$ としても一般性を失わない．$m < 0$ の場合には任意定数 A の符号が変化するだけである．

式 (7.12) の一般解は $C=m^2$ のとき，$R = r^k$ とおけば求まる．すなわち，式 (7.12) は

$$k(k-1)r^k + kr^k - m^2 r^k = (k^2 - m^2)r^k = 0$$

となるから，

$$k = \pm m$$

であり，したがって一般解は，D, E を任意定数として

$$R(r) = Dr^m + Er^{-m}$$

となる．ただし，右辺第2項は $r=0$ で発散するため，ここで考えている問題では $E = 0$ である必要がある．

(3) 以上のことから，境界条件を満足する解は，一般に

$$\begin{aligned} u(r,\theta) &= \sum_{m=0}^{\infty}(A_m \sin m\theta + B_m \cos m\theta)r^m \\ &= B_0 + \sum_{m=1}^{\infty}(A_m \sin m\theta + B_m \cos m\theta)r^m \end{aligned} \quad (7.14)$$

の形に書けることがわかる．ただし，$A_m = AD$，$B_m = BD$ とおいている．あとは，初期条件を満足するように未知の係数を決めればよい．初期条件から

$$u(1,\theta) = f(\theta) = B_0 + \sum_{m=1}^{\infty}(A_m \sin m\theta + B_m \cos m\theta)$$

となる．これは関数 $f(\theta)$ を区間 $[0, 2\pi]$ でフーリエ級数に展開した式とみなせるため，係数はフーリエ級数の展開公式から

$$B_0 = \frac{1}{2\pi}\int_0^{2\pi} f(\xi)d\xi$$

$$A_m = \frac{1}{\pi}\int_0^{2\pi} f(\xi)\sin m\xi d\xi, \qquad B_m = \frac{1}{\pi}\int_0^{2\pi} f(\xi)\cos m\xi d\xi$$
$$(m = 1, 2, 3, \cdots)$$

したがって，初期条件および境界条件を満足する解は，この関係を式 (7.14) に代入したものであり，

$$\begin{aligned} u(r,\theta) &= \frac{1}{2\pi}\int_0^{2\pi} f(\xi)d\xi \\ &+ \sum_{m=1}^{\infty}\left[\left(\frac{1}{\pi}\int_0^{2\pi} f(\xi)\sin m\xi d\xi\right)\sin m\theta + \left(\frac{1}{\pi}\int_0^{2\pi} f(\xi)\cos m\xi d\xi\right)\cos m\theta\right]r^m \\ &= \frac{1}{2\pi}\int_0^{2\pi}\left[1 + 2\sum_{m=1}^{\infty} r^m(\sin m\xi \sin m\theta + \cos m\xi \cos m\theta)\right]f(\xi)d\xi \\ &= \frac{1}{2\pi}\int_0^{2\pi}\left(1 + 2\sum_{m=1}^{\infty} r^m \cos m(\theta - \xi)\right)f(\xi)d\xi \end{aligned} \quad (7.15)$$

となる．

ここで，積分内にある括弧でくくった式を変形してみよう．オイラーの公式から得られる関係
$$2\cos x = e^{ix} + e^{-ix}$$
および幾何級数
$$\sum_{m=1}^{\infty} y^m = \frac{y}{1-y} \qquad (|y| < 1)$$
を利用すれば，$r < 1$ であるから

$$
\begin{aligned}
1 + 2\sum_{m=1}^{\infty} r^m \cos m(\theta - \xi) &= 1 + \sum_{m=1}^{\infty} r^m \left(e^{im(\theta-\xi)} + e^{-im(\theta-\xi)}\right) \\
&= 1 + \sum_{m=1}^{\infty} \left(re^{i(\theta-\xi)}\right)^m + \sum_{m=1}^{\infty} \left(re^{-i(\theta-\xi)}\right)^m \\
&= 1 + \frac{re^{i(\xi-\theta)}}{1 - re^{i(\xi-\theta)}} + \frac{re^{-i(\xi-\theta)}}{1 - re^{-i(\xi-\theta)}} \\
&= \frac{1 - r^2}{1 - 2r\cos(\theta - \xi) + r^2}
\end{aligned}
$$

となる．この関係を式 (7.15) に代入すれば

$$u(r,\theta) = \frac{1}{2\pi} \int_0^{2\pi} \left(\frac{1 - r^2}{1 - 2r\cos(\theta - \xi) + r^2}\right) f(\xi) d\xi \qquad (7.16)$$

が得られる．

なお，この問題は半径 1 の円内で考えたが，半径 a の円の場合には r のかわりに r/a とおくことにより半径 1 の円内の問題に帰着される．その結果，式 (7.16) に対応する解として

$$u(r,\theta) = \frac{1}{2\pi} \int_0^{2\pi} \left(\frac{a^2 - r^2}{a^2 - 2ar\cos(\theta - \xi) + r^2}\right) f(\xi) d\xi \qquad (7.17)$$

が得られる．式 (7.17) は 5.4 節で取り上げたポアソンの積分公式である．

◇問 **7.1**◇ 半径 1 の円周上で $g(\theta) = \cos^2 \theta = (1 + \cos 2\theta)/2$ という温度分布を与えたときの円の内側の温度分布を求めよ．

7.2 円形膜の振動

本節では太鼓など円形の膜の振動を考える．膜の振動は，弦の振動を記述する 1 次元波動方程式を 2 次元に拡張した 2 次元波動方程式

$$\frac{\partial^2 u}{\partial t^2} = c^2 \left(\frac{\partial^2 u}{\partial x^2} + \frac{\partial^2 u}{\partial y^2} \right) \tag{7.18}$$

によって支配される．ここで，円形膜の振動を議論する場合には，7.1 節で行ったように極座標を用いるのが便利である．式 (7.18) は極座標では

$$\frac{\partial^2 u}{\partial t^2} = c^2 \left(\frac{\partial^2 u}{\partial r^2} + \frac{1}{r} \frac{\partial u}{\partial r} + \frac{1}{r^2} \frac{\partial^2 u}{\partial \theta^2} \right)$$

となる．このとき円形膜の境界は，a を円の半径とした場合，$r = a$ で表される．

この方程式の解のなかで，θ に依存しないようなものを考えよう（太鼓の場合は，中心を打ったことに対応する）．したがって，振幅 u は時間 t と中心からの距離 r だけの関数 $u(r,t)$ となる．また，議論の本質は変わらないので $c = 1$，$a = 1$ とする．このとき $\partial^2 u/\partial \theta^2 = 0$ とおけるので，上式は

$$\frac{\partial^2 u}{\partial t^2} = \frac{\partial^2 u}{\partial r^2} + \frac{1}{r} \frac{\partial u}{\partial r} \qquad (0 < r < 1,\ t > 0) \tag{7.19}$$

となる．境界条件は周囲で膜が固定されているとして

$$u(1,t) = 0 \qquad (t > 0) \tag{7.20}$$

とする．さらに，初期条件（時間 t に関する条件）として膜の初期の変位が $f(r)$ であり，初期速度が 0，すなわち

$$u(r,0) = f(r), \qquad u_t(r,0) = 0 \qquad (0 < r < 1) \tag{7.21}$$

を課すことにする．

以下，式 (7.19) を条件 (7.20), (7.21) のもとで変数分離法を用いて解いてみよう．ラプラス方程式の場合と同様に，解を

$$u(r,t) = R(r)T(t)$$

の形に仮定して式 (7.19) に代入すれば,

$$R\frac{d^2T}{dt^2} = T\frac{d^2R}{dr^2} + \frac{T}{r}\frac{dR}{dr}$$

となる.両辺を RT で割れば変数分離されて

$$\frac{1}{T}\frac{d^2T}{dt^2} = \frac{1}{R}\left(\frac{d^2R}{dr^2} + \frac{1}{r}\frac{dR}{dr}\right) = -\lambda^2$$

すなわち,2 つの常微分方程式

$$\frac{d^2T}{dt^2} + \lambda^2 T = 0 \qquad (7.22)$$

$$\frac{d^2R}{dr^2} + \frac{1}{r}\frac{dR}{dr} + \lambda^2 R = 0 \qquad (7.23)$$

が得られる.なお,分離の定数を負の数 $-\lambda^2$ とおいたのは,そのようにすれば式 (7.22) は三角関数の形の周期解

$$T(t) = A\sin\lambda t + B\cos\lambda t \qquad (7.24)$$

をもつためであり,膜の振動という物理現象を考えれば,解が時間に関して周期的になる必要があるからである.

R に対する方程式 (7.23) は,ベッセルの微分方程式とよばれる

$$\frac{d^2y}{dx^2} + \frac{1}{x}\frac{dy}{dx} + \frac{x^2 - m^2}{x^2}y = 0 \qquad (7.25)$$

の特殊な場合 ($m = 0$, $x = \lambda r$, $y = R$ とおく) である.なお,本シリーズの 1 巻『常微分方程式』で述べたようにベッセルの微分方程式 (7.25) の一般解は,第 1 種ベッセル関数 J_m,第 2 種ベッセル関数 Y_m を用いて

$$y = CJ_m(x) + DY_m(x) \qquad (7.26)$$

で与えられる.ただし,これらのベッセル関数は初等関数では表せず,無限級数の形で表現される.

式 (7.26) から式 (7.23) の一般解は

$$R(r) = CJ_0(\lambda r) + DY_0(\lambda r)$$

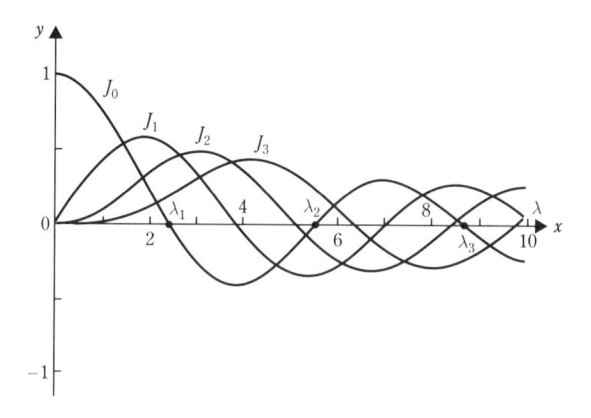

図 7.2 ベッセル関数 $y = J_m(x)$ のグラフ

となるが，Y_0 は $r = 0$ で有限な値をとらないため，$D = 0$ である必要がある．
次に境界条件 (7.20) は

$$R(1) = CJ_0(\lambda) = 0$$

である．図 7.2 は $J_0(\lambda)$ などを図示したものであり，この図から

$$\lambda = \lambda_1, \lambda_2, \lambda_3, \cdots$$

のとき，上の境界条件が満たされることがわかる．すなわち，λ_m が固有値，$J_0(\lambda_m r)$ が固有関数である．

以上をまとめると，境界条件を満足する解として

$$T(t)R(r) = (A_m \sin \lambda_m t + B_m \cos \lambda_m t)J_0(\lambda_m r)$$

が得られる．しかし，解はさらに初期条件を満足する必要があるため，前章と同様にこれらを重ね合わせて

$$u(r,t) = \sum_{m=1}^{\infty} (A_m \sin \lambda_m t + B_m \cos \lambda_m t)J_0(\lambda_m r) \tag{7.27}$$

という形に解を仮定する．そして未定の係数 A_m, B_m を初期条件を満足するように決める．

まず，式 (7.27) を t で微分すれば

7.2 円形膜の振動

$$u_t(r,t) = \sum_{m=1}^{\infty} (A_m \lambda_m \cos \lambda_m t - B_m \lambda_m \sin \lambda_m t) J_0(\lambda_m r) \tag{7.28}$$

となり，初期条件からこの式に $t=0$ を代入したものが 0 である．すなわち

$$\sum_{m=1}^{\infty} A_m \lambda_m J_0(\lambda_m r) = 0$$

であるが，$\lambda_m \neq 0$ であるから $A_m = 0$ となる．したがって，

$$f(r) = u(r,0) = \sum_{m=1}^{\infty} B_m J_0(\lambda_m r) \tag{7.29}$$

が得られる．ここで，もし J_0 が三角関数ならば B_m は関数 $f(r)$ を三角関数で展開（フーリエ展開）したときの係数になる．このことから類推されるように，B_m は関数 $f(r)$ をベッセル関数 J_0 で展開したときの係数である．

一方，ベッセル関数には次のような直交性があることが知られている．

$$\int_0^1 r J_0(\lambda_m r) J_0(\lambda_n r) dr = \frac{1}{2} (J_1(\lambda_n))^2 \delta_{mn} \tag{7.30}$$

そこで，このことを利用するために式 (7.29) の両辺に $rJ_0(\lambda_n r)$ をかけて区間 $[0,1]$ で積分すれば

$$\int_0^1 r f(r) J_0(\lambda_n r) dr = \sum_{m=1}^{\infty} B_m \int_0^1 r J_0(\lambda_m r) J_0(\lambda_n r) dr$$
$$= \frac{1}{2} B_n (J_1(\lambda_n))^2$$

となり，未定の係数 B_m として（上式で n を m, r を ξ とおいて）

$$B_m = \frac{2}{(J_1(\lambda_m))^2} \int_0^1 \xi f(\xi) J_0(\lambda_m \xi) d\xi$$

が得られる．したがって，もとの問題の解は，

$$u(r,t) = \sum_{m=1}^{\infty} \left(\frac{2}{(J_1(\lambda_m))^2} \int_0^1 \xi f(\xi) J_0(\lambda_m \xi) d\xi \right) \cos \lambda_m t J_0(\lambda_m r) \tag{7.31}$$

で与えられる．

7.3 球形領域での境界値問題

図 7.3 に示すように半径 a の球形をした物体を考えて球の表面に適当な温度分布を与えたとき，熱平衡状態における球内の温度分布を求める問題を考えよう．この場合も温度分布は（3次元）ラプラス方程式に支配されるが，球の表面上で温度が指定されるため，図のように球の中心を原点とするような球座標

$$\begin{cases} x = r\sin\theta\cos\varphi \\ y = r\sin\theta\sin\varphi \\ z = r\cos\theta \end{cases} \quad (0 \leq r < \infty, \quad 0 \leq \varphi < 2\pi, \quad 0 \leq \theta \leq \pi)$$

を用いるのが便利である．このとき温度を u とすれば u は (r, θ, φ) の関数 $u(r, \theta, \varphi)$ となる．

一方，球座標でのラプラス方程式は

$$\frac{1}{r^2}\frac{\partial}{\partial r}\left(r^2\frac{\partial u}{\partial r}\right) + \frac{1}{r^2\sin\theta}\frac{\partial}{\partial \theta}\left(\sin\theta\frac{\partial u}{\partial \theta}\right) + \frac{1}{r^2\sin^2\theta}\frac{\partial^2 u}{\partial \varphi^2} = 0 \quad (7.32)$$

となることが知られている．

いま，簡単のため球の表面の温度が座標 φ によらなくて θ のみの関数 $g(\theta)$ である場合を考える．このとき，球の内部の温度も φ によらないと考えられるため，u は (r, θ) だけの関数 $u(r, \theta)$ となり，式 (7.32) は

$$\frac{\partial}{\partial r}\left(r^2\frac{\partial u}{\partial r}\right) = -\frac{1}{\sin\theta}\frac{\partial}{\partial \theta}\left(\sin\theta\frac{\partial u}{\partial \theta}\right) \quad (7.33)$$

と簡単化される．境界条件は

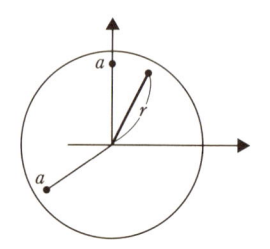

図 7.3 球座標

7.3 球形領域での境界値問題

$$u(a,\theta) = g(\theta) \tag{7.34}$$

である．

この境界値問題を変数分離法を用いて解いてみよう．まず，解を

$$u(r,\theta) = R(r)\Theta(\theta)$$

と仮定して式 (7.33) に代入し，両辺を $R\Theta$ で割れば，

$$\frac{1}{R}\frac{d}{dr}\left(r^2\frac{dR}{dr}\right) = -\frac{1}{\Theta\sin\theta}\frac{d}{d\theta}\left(\sin\theta\frac{d\Theta}{d\theta}\right)$$

となる．ここで左辺は r だけの関数，右辺は θ だけの関数であるから，それが等しいためにはどちらも定数である必要がある．この定数を便宜的に $\nu(\nu+1)$ とおけば，2 つの常微分方程式

$$\frac{1}{\sin\theta}\frac{d}{d\theta}\left(\sin\theta\frac{d\Theta}{d\theta}\right) + \nu(\nu+1)\Theta = 0 \tag{7.35}$$

$$r^2\frac{d^2R}{dr^2} + 2r\frac{dR}{dr} - \nu(\nu+1)R = 0 \tag{7.36}$$

が得られる．

式 (7.35) を解くために

$$x = \cos\theta$$

とおけば，

$$\frac{d}{d\theta} = \frac{dx}{d\theta}\frac{d}{dx} = -\sin\theta\frac{d}{dx}$$
$$\sin\theta\frac{d\Theta}{d\theta} = \frac{1-\cos^2\theta}{\sin\theta}\frac{d\Theta}{d\theta} = -(1-x^2)\frac{d\Theta}{dx}$$

となるため，式 (7.35) は

$$\frac{d}{dx}\left((1-x^2)\frac{d\Theta}{dx}\right) + \nu(\nu+1)\Theta = 0$$

すなわち

$$(1-x^2)\frac{d^2\Theta}{dx^2} - 2x\frac{d\Theta}{dx} + \nu(\nu+1)\Theta = 0 \tag{7.37}$$

となる．この方程式は 1 巻『常微分方程式』で取り扱ったルジャンドルの微分方程式であり，

$$\nu = m = 0, 1, 2, \cdots \tag{7.38}$$

であるときに限り，多項式で表される解（ルジャンドルの多項式）をもち，無限遠点を除いて有限な値をもつ．したがって，式 (7.38) が今の問題の固有値になる．そして，固有値 m に対応する固有関数を P_m と記せば

$$P_m = \frac{1}{2^m m!} \frac{d^m}{dx^m}(x^2 - 1)^m \tag{7.39}$$

となることが知られている（式 (4.18) 参照）．なお，具体的に計算すれば

$$P_0 = 1$$
$$P_1 = x$$
$$P_2 = \frac{1}{2}(3x^2 - 1)$$
$$P_3 = \frac{1}{2}(5x^3 - 3x)$$
$$\vdots$$

である．

次に式 (7.36) は，やはり 1 巻『常微分方程式』で取り扱ったオイラーの微分方程式であり，

$$R = r^\alpha$$

とおけば一般解が求まる．具体的に上式を式 (7.36) で $\nu = m$ とおいた式に代入すれば

$$\alpha(\alpha - 1)r^\alpha + 2\alpha r^\alpha - m(m+1)r^\alpha = (\alpha - m)(\alpha + m + 1)r^\alpha = 0$$

となるため

$$\alpha = m, \quad -m - 1$$

が得られる．したがって，一般解は

$$R(r) = A_m r^m + \frac{B_m}{r^{m+1}}$$

となるが，右辺第 2 項は $r = 0$ で発散するため，この問題では不適当である．

以上をまとめると，もとの偏微分方程式のひとつの特解は

7.3 球形領域での境界値問題

$$R\Theta = A_m r^m P_m(x) = A_m r^m P_m(\cos\theta)$$

となる．しかし，このままでは境界条件を満足しないため，特解を重ね合わせて

$$u(r,\theta) = \sum_{m=0}^{\infty} A_m r^m P_m(\cos\theta) \tag{7.40}$$

とおく．ここで，$r = a$ を代入して境界条件 (7.34) を考慮すれば

$$g(\theta) = u(a,\theta) = \sum_{m=0}^{\infty} A_m a^m P_m(\cos\theta) \tag{7.41}$$

となる．したがって，未定の係数 $A_m a^m$ は，関数 $g(\theta)$ をルジャンドルの多項式で展開したときの展開係数であることがわかる．

具体的に展開係数を求めるためには，ルジャンドルの多項式の直交性

$$\int_{-1}^{1} P_m(x) P_n(x) dx = \frac{2}{2m+1} \delta_{mn} \tag{7.42}$$

を用いる．この式で $x = \cos\theta$ とおけば，$dx/d\theta = -\sin\theta$ であり，また $\theta = 0$ のとき $x = 1$, $\theta = \pi$ のとき $x = -1$ であることを用いれば

$$\begin{aligned}
\int_{-1}^{1} P_m(x) P_n(x) dx &= -\int_{\pi}^{0} P_m(\cos\theta) P_n(\cos\theta) \sin\theta d\theta \\
&= \int_{0}^{\pi} P_m(\cos\theta) P_n(\cos\theta) \sin\theta d\theta
\end{aligned}$$

となる．そこで，式 (7.41) の両辺に $P_n(\cos\theta)\sin\theta$ をかけて区間 $[0,\pi]$ で積分すれば，上で述べた直交性を用いて

$$\begin{aligned}
\int_0^{\pi} g(\theta) P_n(\cos\theta) \sin\theta d\theta &= \sum_{m=0}^{\infty} A_m a^m \int_0^{\pi} P_m(\cos\theta) P_n(\cos\theta) \sin\theta d\theta \\
&= \sum_{m=0}^{\infty} A_m a^m \frac{2}{2m+1} \delta_{mn} = \frac{2 A_n a^n}{2n+1}
\end{aligned}$$

が得られる．この式から A_n を求めて（n を m, θ を ξ に置き換えて）式 (7.40) に代入すれば

$$u(r,\theta) = \sum_{m=0}^{\infty} \frac{2m+1}{2} \left(\int_0^{\pi} g(\xi) P_m(\cos\xi) \sin\xi d\xi \right) \left(\frac{r}{a}\right)^m P_m(\cos\theta) \tag{7.43}$$

という解が得られる．

◇**問 7.2**◇　半径 a の球面上で $g(\theta) = 3\cos^2\theta + 4\cos\theta - 1 = 2P_2(\cos\theta) + 4P_1(\cos\theta)$ という温度分布を与えたときの球の外側の温度分布を求めよ．

▷章末問題◁

[7.1] 原点中心で半径 a と b（ただし $a < b$）の球で囲まれた領域におけるラプラス方程式の解で，内側の球面上で A，外側の球面上で B になるものを求めよ．

[7.2] 原点中心で半径 a と $b(a < b)$ の円にはさまれた円環領域におけるポアソン方程式 $\nabla^2 u = 1$ の半径方向だけに依存する解の中で，内側の円上で A，外側の円上で B となるものを求めよ．

[7.3] 半径 1 の円板において，初期に境界を除いて温度が 1 であり，また境界で温度を 0 に保ったときの温度分布を時間と中心からの距離の関数として表せ．

8

種々の解法

8.1 固有関数展開法

変数分離法は偏微分方程式の強力な解法であるが，それが使えるのは
(1) 微分方程式が線形で同次である，
(2) 境界条件が線形で同次である，

という条件を満足する必要がある．線形であるという条件は，解の重ね合わせにより級数の形で解を表すために必要な条件である（非線形の場合には，u_1 と u_2 が個別に微分方程式を満足しても $u_1 + u_2$ は必ずしも解にならない）．一方，同次であるという条件はそれほど厳しい条件ではなく，非同次であっても変数分離法，またはそれと類似の方法で解が求まる場合がある．本節では，この点について1次元熱伝導方程式を例にとって説明することにする．

①非同次の境界条件

次の問題を考える：

$$\frac{\partial u}{\partial t} = \frac{\partial^2 u}{\partial x^2} \quad (0 < x < 1, \quad t > 0)$$

$$u(0,t) = a, \qquad u(1,t) = b, \qquad u(x,0) = f(x)$$

境界条件で a と b がともに0でない場合には非同次となり，変数分離法はこのままでは使えない．しかし，

$$v(x,t) = u(x,t) - a - (b-a)x$$

とおけば，上の問題は v に対しては

$$\frac{\partial v}{\partial t} = \frac{\partial^2 v}{\partial x^2} \quad (0 < x < 1, \quad t > 0)$$

$$v(0,t) = 0, \qquad v(1,t) = 0, \qquad v(x,0) = f(x) - a - (b-a)x$$

となり，変数分離法が使える．

②非同次の偏微分方程式

前章で述べた長さ 1 の針金の熱伝導の問題は初期に温度分布を与えて，あとは境界から冷えていくという設定であった．もし，針金の内部を加熱したり冷却したりする場合にはどうなるであろうか．このような問題は，熱源のある熱伝導方程式

$$\frac{\partial u}{\partial t} = \frac{\partial^2 u}{\partial x^2} + h(x,t) \qquad (0 < x < 1, \quad t > 0) \tag{8.1}$$

に支配される．ここで右辺の $h(x,t)$ は熱源の効果を表す．境界条件と初期条件は 6.3 節で取り扱った熱源のない場合と同じであるとしよう．

変数分離法の手順に従って，$u(x,t) = X(x)T(t)$ とおいて式 (8.1) に代入し，両辺を XT で割ると

$$\frac{1}{T}\frac{dT}{dt} = \frac{1}{X}\frac{d^2 X}{dx^2} + \frac{h(x,t)}{XT}$$

となるが，右辺に h があるため変数分離されずにいきづまってしまう．一方，h がないときには 6.3 節の結果から境界条件を満足する解は

$$u(x,t) = \sum_{m=1}^{\infty} f_m(t) \sin m\pi x \tag{8.2}$$

という形になることがわかっている．そこで，このことを h がある場合に応用してみよう．

いま，$h(x,t)$ を，t をパラメータとみなして x のみの関数と考え，x に関して区間 $[0,1]$ でフーリエ展開してみよう．このとき

$$h(x,t) = \sum_{m=1}^{\infty} h_m(t) \sin m\pi x \tag{8.3}$$

となる．係数 $h_m(t)$ は上式に $\sin n\pi x$ をかけて，区間 $[0,1]$ で積分すれば求まる．実際，両辺に $\sin n\pi x$ をかけて，$[0,1]$ で積分すれば

$$\int_0^1 h(x,t) \sin n\pi x\, dx = \sum_{m=1}^{\infty} h_m(t) \int_0^1 \sin m\pi x \sin n\pi x\, dx = \frac{1}{2} h_n(t)$$

すなわち

$$h_m(t) = 2\int_0^1 h(\xi,t)\sin m\pi\xi d\xi$$

となる．

式 (8.2), (8.3) を式 (8.1) に代入すれば

$$\sum_{m=1}^\infty \frac{df_m}{dt}\sin m\pi x = -\sum_{m=1}^\infty m^2\pi^2 f_m \sin m\pi x + \sum_{m=1}^\infty h_m(t)\sin m\pi x$$

すなわち

$$\sum_{m=1}^\infty \left(\frac{df_m}{dt} + m^2\pi^2 f_m - h_m(t)\right)\sin m\pi x = 0$$

となる．これが任意の x について成り立つためには上式の sin の係数がすべて 0 である必要があるため，一連の常微分方程式

$$\frac{df_m}{dt} + m^2\pi^2 f_m = h_m(t) \qquad (m=1,2,\cdots) \tag{8.4}$$

が得られる．これは線形 1 階の微分方程式であり，一般解を求める公式がある (1 巻参照)．最後に初期条件を利用して方程式 (8.4) の解を一通りに決める必要がある．式 (8.2) と初期条件から，

$$f(x) = u(x,0) = \sum_{m=1}^\infty f_m(0)\sin m\pi x$$

が得られる．$f_m(0)$ は $f(x)$ を区間 [0,1] でフーリエ展開したときの係数で，先程と同様に上式の両辺に $\sin n\pi x$ をかけて区間 [0,1] で積分することにより求まる．その結果，

$$f_m(0) = 2\int_0^1 f(\xi)\sin m\pi\xi d\xi \qquad (m=1,2,\cdots) \tag{8.5}$$

となる．これが式 (8.4) を解く場合の初期条件になる．このようにして得られた $f_m(t)$ を式 (8.2) に代入したものが最終的に求める解になる．

以上に述べた方法を固有関数展開法という．

例題 8.1

$u_t = u_{xx} + \sin 3\pi x \quad (0 < x, 1, t > 0)$ を $u(0,t) = u(1,t) = 0$, $u(x,0) = \sin 2\pi x$ のもとで解け．

【解】 本文で述べた解法において $h(x,t) = \sin 3\pi x$ としたものなので，式 (8.3) は

$$h(x,t) = \sum_{m=1}^{\infty} \delta_{m3} \sin m\pi x$$

となる．ただし，δ_{mn} は $m = n$ のとき 1, $m \neq n$ のとき 0 を意味する記号である（クロネッカー（Kronecker）のデルタ）．したがって，式 (8.4) は，

$$\frac{df_m}{dt} + m^2\pi^2 f_m = \delta_{m3}$$

となる．一方，初期条件は

$$f(x) = \sin 2\pi x = \sum_{m=1}^{\infty} f_m(0) \sin m\pi x$$

であるため，

$$f_m(0) = 0 \quad (m \neq 2), \qquad f_2(0) = 1$$

となる．そこで，$m \neq 2, 3$ のときは，境界条件を満足する微分方程式の解は $f_m(t) = 0$ となり，$m = 2$ のときは

$$\frac{df_2}{dt} + 4\pi^2 f_2 = 0, \qquad f_2(0) = 1$$

より

$$f_2 = e^{-4\pi^2 t}$$

となる．さらに $m = 3$ のときは

$$\frac{df_3}{dt} + 9\pi^2 f_3 = 1, \qquad f_3(0) = 0$$

より

$$f_3 = \frac{1}{9\pi^2}(1 - e^{-9\pi^2 t})$$

である．以上をまとめれば

$$u(x,t) = e^{-4\pi^2 t} \sin 2\pi x + \frac{1}{9\pi^2}(1 - e^{-9\pi^2 t}) \sin 3\pi x$$

③ポアソン方程式

本項ではポアソン方程式の境界値問題

$$\frac{\partial^2 u}{\partial x^2} + \frac{\partial^2 u}{\partial y^2} = -\rho(x,y) \qquad (0 < x < a,\ 0 < y < b)$$

$$u(0,y) = u(a,y) = 0, \qquad u(x,0) = u(x,b) = 0$$

を考える．この場合も右辺に関数があり，非同次になるため変数分離法は使えない．そこで，解が直交関数系で展開できたとしてその係数を決めてみよう．

x に関する境界条件を満足するもっとも簡単な直交関数は正弦関数 $\sin m\pi x/a$ であり，同様に y に関する境界条件を満足するもっとも簡単な直交関数は正弦関数 $\sin n\pi y/b$ である．ただし，m, n は正の整数である．したがって，両方の境界条件を満足する x と y の関数は

$$\sin \frac{m\pi}{a} x \sin \frac{n\pi}{b} y$$

となるため，解をその重ね合わせとして

$$u(x,y) = \sum_{m=1}^{\infty} \sum_{n=1}^{\infty} A_{mn} \sin \frac{m\pi}{a} x \sin \frac{n\pi}{b} y$$

とおき，ポアソン方程式を満足するように係数 A_{mn} を決めることを考える．そのために，右辺の関数 $\rho(x,y)$ を x の関数としてフーリエ正弦展開すると

$$\rho(x,y) = \sum_{m=1}^{\infty} a_m(y) \sin \frac{m\pi}{a} x$$

ただし，

$$a_m(y) = \frac{2}{a} \int_0^a \rho(\xi,y) \sin \frac{m\pi}{a} \xi d\xi$$

となる．さらに上式の展開係数を y に関してフーリエ正弦展開すると

$$a_m(y) = \sum_{n=1}^{\infty} b_{mn} \sin \frac{n\pi}{b} y$$

ただし，

$$b_{mn} = \frac{2}{b} \int_0^b a_m(\eta) \sin \frac{n\pi}{b} \eta d\eta$$

となる．$a_m(y)$ の展開式を ρ の展開式に代入すると

$$\rho(x,y) = \sum_{m=1}^{\infty}\sum_{n=1}^{\infty} b_{mn} \sin\frac{m\pi}{a}x \sin\frac{n\pi}{b}y$$

ただし，

$$b_{mn} = \frac{4}{ab}\int_0^a\left(\int_0^b \rho(\xi,\eta)\sin\frac{n\pi}{b}\eta d\eta\right)\sin\frac{m\pi}{a}\xi d\xi$$

となる．
このように 2 変数の関数をフーリエ展開すれば 2 重の級数が得られるが，この展開を 2 重フーリエ展開という．また，得られた級数を 2 重フーリエ級数という．

上で得られた未定係数を含んだ解 $u(x,y)$ と，$\rho(x,y)$ の 2 重フーリエ展開をもとのポアソン方程式に代入して係数を比べれば，

$$A_{mn} = \frac{b_{mn}}{(m\pi/a)^2 + (n\pi/b)^2}$$

となる．以上のことから，ポアソン方程式の解は

$$\begin{aligned}u(x,y) =\ & \sum_{m=1}^{\infty}\sum_{n=1}^{\infty}\frac{4}{\pi^2((m^2b/a)+(n^2a/b))} \\ & \times \left(\int_0^a d\xi \int_0^b d\eta \rho(\xi,\eta)\sin\frac{m\pi}{a}\xi \sin\frac{n\pi}{b}\eta\right)\sin\frac{m\pi}{a}x\sin\frac{n\pi}{b}y\end{aligned}$$

となる．

◇問 **8.1**◇ $\rho(x,y) = xy$ の場合について上の b_{mn} を求めよ．

上でとりあげた長方形領域におけるポアソン方程式の境界条件は長方形の各辺で $u=0$ であったが，次に境界条件を一般化して

$$u(0,y) = f_1(y), \quad u(a,y) = f_2(y), \quad u(x,0) = f_3(x), \quad u(x,b) = f_4(x)$$

としてみよう．この場合には，関数 v に対するラプラス方程式

$$\frac{\partial^2 v}{\partial x^2} + \frac{\partial^2 v}{\partial y^2} = 0$$

を上の境界の条件のもとで解いて解 $v(x,y)$ を求める（6章章末問題 6.4 参照）．その上で，周囲において $u=0$ を満足するポアソン方程式の解を $u(x,y)$ とすれば，求める解は

$$u(x,y) + v(x,y)$$

となる．

◇問 **8.2**◇　このことを確かめよ．

8.2　フーリエ変換による解法

線形偏微分方程式の有力な解法にフーリエ変換がある．本節では，例を用いてフーリエ変換による解法を説明する．次の問題を考える：

$$\frac{\partial^2 u}{\partial x^2} + \frac{\partial^2 u}{\partial y^2} = 0 \quad (-\infty < x < \infty, \quad y > 0) \tag{8.6}$$

$$u(x,0) = f(x) \quad (-\infty < x < \infty) \tag{8.7}$$

この問題は，上半面（半無限領域）でのラプラス方程式の解を x 軸上で値を指定して求める問題である．

この問題を解くために，式 (8.6) を x に関してフーリエ変換する．$u(x,y)$ を x に関してフーリエ変換するとパラメータ λ を含んだ y の関数になるため，それを $U_\lambda(y)$ と記すことにする．すなわち

$$U_\lambda(y) = F[u(x,y)]$$

とする．この記号を用いれば，式 (8.6) は

$$-\lambda^2 U_\lambda + \frac{d^2 U_\lambda}{dy^2} = 0$$

となる．ただし，左辺第 1 項は 2 章のフーリエ変換の微分に関する性質を用いている．また第 2 項は，

$$\frac{1}{\sqrt{2\pi}} \int_{-\infty}^{\infty} \frac{d^2 u}{dy^2} e^{-i\lambda x} dx = \frac{d^2}{dy^2} \left(\frac{1}{\sqrt{2\pi}} \int_{-\infty}^{\infty} u e^{-i\lambda x} dx \right)$$

が成り立つことを利用している．境界条件の式もフーリエ変換すれば上の記法を用いて

$$U_\lambda(0) = F(\lambda) \tag{8.8}$$

となる．ここで $F(\lambda)$ は $f(x)$ のフーリエ変換である．以上をまとめれば，もとの問題をフーリエ変換することにより，偏微分方程式の境界値問題は

$$\frac{d^2 U_\lambda}{dy^2} - \lambda^2 U_\lambda = 0 \tag{8.9}$$

という常微分方程式を，境界条件 (8.8) のもとで解く問題に帰着されたことがわかる．

式 (8.9) の一般解は

$$U_\lambda(y) = Ae^{-|\lambda|y} + Be^{|\lambda|y}$$

となる．ただし，λ に絶対値をつけたのは $y \to \infty$ のとき右辺の第 1 項が 0 になり，第 2 項が ∞ になることをはっきりさせるためである．このとき，第 2 項があると解は発散するため，$B = 0$ であることがわかる．さらに式 (8.8) から $A = F(\lambda)$ となる．したがって，式 (8.9) の境界条件を満足する解として

$$U_\lambda(y) = F(\lambda) e^{-|\lambda|y} \tag{8.10}$$

が得られる．

未知関数のフーリエ変換が求まったため，未知関数はその逆変換として求まる．f のフーリエ変換が F であった．さらに関数 g として g のフーリエ変換が $e^{|\lambda|y}$ となる関数，すなわち

$$F[g] = e^{-|\lambda|y} \quad \text{または} \quad g = F^{-1}\left[e^{-|\lambda|y}\right]$$

とする．このとき，式 (8.10) は

$$F[u] = F[f] F[g]$$

を意味している．また，合成積 $f * g$ のフーリエ変換に関して

$$F[f * g] = \sqrt{2\pi} F[f] F[g]$$

が成り立つため，これら2式を比較して

$$u = \frac{1}{\sqrt{2\pi}} f * g = \frac{1}{\sqrt{2\pi}} \int_{-\infty}^{\infty} g(x-\xi) f(\xi) d\xi \tag{8.11}$$

となることがわかる．したがって，g がわかれば解が求まる．フーリエ逆変換の公式を用いて g を計算すると

$$g = \sqrt{\frac{2}{\pi}} \frac{y}{x^2 + y^2}$$

であるから，結局

$$\begin{aligned} u(x,y) &= \frac{1}{\sqrt{2\pi}} \int_{-\infty}^{\infty} \sqrt{\frac{2}{\pi}} \frac{y}{(x-\xi)^2 + y^2} f(\xi) d\xi \\ &= \frac{y}{\pi} \int_{-\infty}^{\infty} \frac{f(\xi)}{(x-\xi)^2 + y^2} d\xi \end{aligned} \tag{8.12}$$

となる．

このように2独立変数の線形偏微分方程式は1つの変数に関してフーリエ変換すれば常微分方程式になるため，解法が大幅に簡単になることがわかる．

8.3 ラプラス変換による解法

前章で述べたフーリエ変換の欠点として，フーリエ変換できるためにはもとの関数が絶対可積分であるという条件がつき，そのため利用できる関数は大幅に制限されることがあげられる．さらに，時間に関する微分を含む問題では，時間は半無限区間 $0 < t < \infty$ にとることが多いため，フーリエ変換は時間変数ではなく空間変数に対してとる必要がある．一方，1章で述べたラプラス変換であれば，変換できる関数はフーリエ変換ほど制限されず，また半無限区間の積分になる．そこで，本節ではラプラス変換を用いた偏微分方程式の解法を，例を用いて説明することにする．

半無限長の弦の振動問題を考えることにして，1次元波動方程式

$$\frac{\partial^2 u}{\partial t^2} = c^2 \frac{\partial^2 u}{\partial x^2} \quad (t > 0, \quad x > 0, \quad c > 0)$$

を，初期条件

$$u(x,0) = 0, \quad u_t(x,0) = 0 \qquad (x > 0)$$

および境界条件

$$u(0,t) = \sin \omega t, \quad u(\infty,t) = 0 \qquad (t > 0)$$

のもとで解いてみよう．

もとの偏微分方程式を時間に関してラプラス変換すると，$V = L[u]$ とおいて，

$$s^2 V - s V(x,0) - V_t(x,0) = c^2 \frac{d^2 V}{dx^2}$$

という常微分方程式になる．ここで初期条件をラプラス変換すると

$$V(x,0) = 0, \qquad V_t(x,0) = 0$$

となるため，上の常微分方程式は

$$\frac{d^2 V}{dx^2} - \frac{s^2}{c^2} V = 0$$

と簡単化される．次に境界条件をラプラス変換すれば

$$V(0) = \frac{\omega}{s^2 + \omega^2}, \qquad V(\infty) = 0$$

となるため，この条件のもとで常微分方程式を解けば

$$V = \frac{\omega}{s^2 + \omega^2} e^{-sx/c}$$

となる．

ここで

$$\frac{s}{s^2 + \omega^2} = L[\cos \omega t], \qquad \frac{1}{s} e^{-sx/c} = L\left[U\left(t - \frac{x}{c}\right) \right]$$

に注意すれば

$$\begin{aligned}
u(x,t) &= L^{-1}[V] = \omega L^{-1} \left[\frac{s}{s^2 + \omega^2} \cdot \frac{1}{s} e^{-sx/c} \right] \\
&= \omega L^{-1} \left[L[\cos \omega t] L\left[U\left(t - \frac{x}{c}\right) \right] \right] = \omega \cos \omega t * U\left(t - \frac{x}{c}\right) \\
&= \omega \int_0^t U\left(\tau - \frac{x}{c}\right) \cos \omega (t - \tau) d\tau
\end{aligned}$$

となる．ここで U は1章で述べた階段関数である．この式は，

$$\xi = \tau - \frac{x}{c}$$

とおき，階段関数の性質を用いれば次のように変形できる．

$$\begin{aligned}
u(x,t) &= \omega \int_{-x/c}^{t-x/c} U(\xi) \cos\omega\left(t - \xi - \frac{x}{c}\right) d\xi \\
&= \omega U\left(t - \frac{x}{c}\right) \int_0^{t-x/c} \cos\omega\left(t - \xi - \frac{x}{c}\right) d\xi \\
&= U\left(t - \frac{x}{c}\right) \sin\omega\left(t - \frac{x}{c}\right)
\end{aligned}$$

これが求める解である．

8.4 グリーン関数

2次元領域 D（境界を Γ とする）において，ポアソン方程式の境界値問題

$$\nabla^2 u = f(x,y) \quad (D \text{ の内部}) \tag{8.13}$$

$$\alpha(x,y)\frac{\partial u}{\partial n} + \beta(x,y)u = g(x,y) \quad (\Gamma \text{上}) \tag{8.14}$$

を考える．ただし，f, g, α, β は与えられた関数であり，$\partial/\partial n$ は境界 Γ の外向き法線方向の微分を表す．

この問題に対して，

$$f(x,y) = -\delta(x-\xi)\delta(y-\eta), \qquad g(x,y) = 0$$

（ただし，δ はディラックのデルタ関数）とおいた次のポアソン方程式の境界値問題

$$\nabla^2 G = -\delta(x-\xi)\delta(y-\eta) \quad (D \text{ の内部}) \tag{8.15}$$

$$\alpha(x,y)\frac{\partial G}{\partial n} + \beta(x,y)G = 0 \quad (\Gamma \text{上}) \tag{8.16}$$

の解をもとの問題のグリーン（Green）関数という．グリーン関数 G は x と y の関数であるが，ξ と η にも依存するため

$$G = G(x, y; \xi, \eta)$$

と記すことにする．

次に，式 (8.15) の境界条件を考えない解を基本解とよび

$$P = P(x, y; \xi, \eta)$$

と書き，基本解を用いてグリーン関数を

$$G = P + w(x, y) \tag{8.17}$$

と表すことにする．式 (8.17) を式 (8.15)，(8.16) に代入すると，w が満足すべき微分方程式および境界条件は

$$\nabla^2 w = 0 \quad (D \text{ の内部}) \tag{8.18}$$

$$\alpha(x,y)\frac{\partial w}{\partial n} + \beta(x,y)w = -\alpha(x,y)\frac{\partial P}{\partial n} - \beta(x,y)P \quad (\Gamma \text{上}) \tag{8.19}$$

となる．したがって，基本解 P が既知である場合にグリーン関数を求めるためには，条件 (8.19) を満足するような調和関数 w を求めればよい．

以下，グリーン関数 G を用いて，もとの境界値問題 (8.13)，(8.14) の解を表すことを考える．

そのために，まずベクトル解析でおなじみのグリーンの公式

$$\iint_D (u\nabla^2 v - v\nabla^2 u)dS = \oint_\Gamma \left(u\frac{\partial v}{\partial n} - v\frac{\partial u}{\partial n}\right)ds \tag{8.20}$$

を利用する．式 (8.20) の u として式 (8.13)，(8.14) の解，v としてグリーン関数 (すなわち式 (8.15)，(8.16) の解) を用いれば，式 (8.20) の左辺は

$$\iint_D (u\nabla^2 G - G\nabla^2 u)dS = \iint_D (-u\delta(x-\xi)\delta(y-\eta) - Gf)dS$$

$$= -u(x,y) - \iint_D G(x,y;\xi,\eta)f(x,y)dS$$

となる．したがって，

$$u(x,y) = \oint_\Gamma \left(G\frac{\partial u}{\partial n} - u\frac{\partial G}{\partial n}\right)ds - \iint_D GfdS \tag{8.21}$$

が得られる．

①ディリクレ問題

式 (8.14) において，$\alpha = 0$, $\beta = 1$ のときディリクレ（Dirichlet）問題または第 1 種境界値問題という．ディリクレ問題の解は式 (8.21) からグリーン関数を用いて

$$u(x,y) = -\oint_\Gamma \left(g(\xi,\eta)\frac{\partial G}{\partial n}\right)ds - \int\!\!\int_D G(x,y;\xi,\eta)f(\xi,\eta)dS \qquad (8.22)$$

と表すことができる．

②ノイマン問題

式 (8.14) において，$\alpha = 1$, $\beta = 0$ のときノイマン（Neumann）問題または第 2 種境界値問題という．ノイマン問題の解は式 (8.21) からグリーン関数を用いて

$$u(x,y) = \oint_\Gamma G(x,y;\xi,\eta)g(\xi,\eta)ds - \int\!\!\int_D G(x,y;\xi,\eta)f(\xi,\eta)dS \qquad (8.23)$$

と表すことができる．

③ロバン問題

式 (8.14) において，$\alpha = 1$ のときロバン（Robin）問題または第 3 種境界値問題という．今，式 (8.14), (8.16) において，$\alpha = 1$ とすれば境界上で

$$\frac{\partial G}{\partial n} + \beta G = 0, \qquad \frac{\partial u}{\partial n} + \beta u = g$$

であり，

$$G\frac{\partial u}{\partial n} - u\frac{\partial G}{\partial n} = G(g - \beta u) - u(-\beta G) = Gg$$

となる．したがって，ロバン問題の解は式 (8.21) から

$$u(x,y) = \oint_\Gamma G(x,y;\xi,\eta)g(\xi,\eta)ds - \int\!\!\int_D G(x,y;\xi,\eta)f(\xi,\eta)dS \qquad (8.24)$$

と表すことができる（式 (8.23) と同じ形であるが G が異なる）．

以上のことから，グリーン関数 G が求まれば，ディリクレ問題，ノイマン問題，ロバン問題の解が，それぞれ式 (8.22)，(8.23)，(8.24) から求まることがわかる．さらに，グリーン関数は f と g に無関係に決まるため，グリーン関数を

いったん求めてしまえば，f や g が異なるような種々の問題を解くことができる．このことがグリーン関数を用いる解法の最大の利点になっている．

それでは上半平面におけるラプラス方程式のディリクレ問題

$$\nabla^2 u = 0 \quad (-\infty < x < \infty, \quad y > 0)$$

$$u(x, 0) = h(x), \quad u(x, y) \to 0 \quad (\sqrt{x^2 + y^2} \to \infty)$$

を例にとって，グリーン関数を用いた解法を具体的に示すことにする．

はじめに，ポアソン方程式

$$\nabla^2 P = -\delta(x - \xi)\delta(y - \eta) \tag{8.25}$$

の基本解が，(ξ, η) を極とする極座標 (r, θ) を用いて

$$P = \frac{1}{2\pi} \log \frac{1}{r} \tag{8.26}$$

で与えられることが以下のようにして示せる．

$x \neq \xi$, $y \neq \eta$ （したがって，$r \neq 0$) であれば，$P = \log(1/r)$ は調和関数であることが容易にわかる．また，$r = 0$ は特異点であるが，(ξ, η) を中心として半径 ρ の円内でポアソン方程式の左辺を積分すると，ガウスの定理から

$$\begin{aligned}
\iint_S \nabla^2 P \, dS &= \iint_S \text{div}(\text{grad } P) dS = \oint_c \text{grad } P \cdot n \, ds \\
&= \int_c \frac{\partial P}{\partial r} ds = -\int_0^{2\pi} \frac{1}{2\pi\rho} \rho \, d\theta = -1
\end{aligned}$$

となるが，これはポアソン方程式の右辺の積分

$$-\iint_S \delta(x - \xi)\delta(y - \eta) dS = -1$$

と一致する．これらのことから式 (8.26) は式 (8.25) の基本解になっている．

次にこの基本解を用いて上半平面におけるグリーン関数 G を求めてみよう．この場合，G は

$$\begin{aligned}
\nabla^2 G &= -\delta(x - \xi)\delta(y - \eta) \quad (y > 0) \\
G(x, 0) &= 0
\end{aligned}$$

8.4 グリーン関数

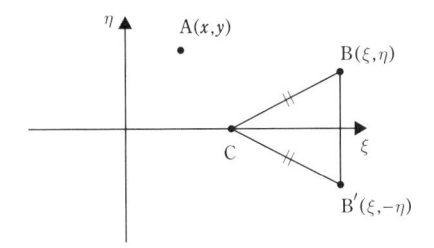

図 8.1 鏡像点

を満足する関数である.

図 8.1 において,上半平面に座標が (x,y) である点 A と (ξ,η) である点 B をとる.そして ξ 軸に関して点 B と対称な点を点 B' とする.このとき,前述のとおり上半平面において,

$$P = \frac{1}{2\pi} \log \frac{1}{r_{AB}}$$

はポアソン方程式の基本解であり,また

$$Q = \frac{1}{2\pi} \log \frac{1}{r_{AB'}}$$

は $r_{AB'} \neq 0$ であるから調和関数 ($\nabla^2 Q = 0$) であることが確かめられる.したがって

$$G = P + Q$$

とおけば,G はポアソン方程式を満たし,さらに ξ 軸上の点 C では $r_{CB} = r_{CB'}$ であるから,

$$(P+Q)_{\eta=0} = \frac{1}{2\pi} \log \frac{1}{r_{CB}} - \frac{1}{2\pi} \log \frac{1}{r_{CB'}} = 0$$

となる.すなわち,G は境界条件も満たすため,求めるべきグリーン関数であることがわかる.以上をまとめれば

$$\begin{aligned} G &= \frac{1}{2\pi} \log \frac{1}{r_{AB}} - \frac{1}{2\pi} \log \frac{1}{r_{AB'}} \\ &= \frac{1}{4\pi} \log \frac{(x-\xi)^2 + (y+\eta)^2}{(x-\xi)^2 + (y-\eta)^2} \end{aligned}$$

となる.

グリーン関数が求まったため，もとのディリクレ問題の解は式 (8.22) において，$f=0$, $\alpha=0$, $\beta=1$, $g=h(x)$ とおけばよく

$$\begin{aligned}u(x,y) &= -\oint_\Gamma h\frac{\partial G}{\partial n}ds = -\int_{-\infty}^{\infty}\left(\frac{\partial G}{\partial \eta}\right)_{\eta=0}hd\xi \\ &= \frac{y}{\pi}\int_{-\infty}^{\infty}\frac{h(\xi)}{(x-\xi)^2+y^2}d\xi\end{aligned}$$

となる．

ここでは，ラプラス方程式のグリーン関数について述べたが，波動方程式や熱伝導方程式に対するグリーン関数も考えられる．

▷章末問題◁

[8.1] 時間に依存しない熱源 $h(x)$ をもつ 1 次元熱伝導方程式

$$\frac{\partial u}{\partial t} = \frac{\partial^2 u}{\partial x^2} + h(x) \qquad (0<x<1,\quad t>0)$$

を，次の初期条件・境界条件のもとで考える．

$$u(0,t)=a,\qquad u(1,t)=b,\qquad u(x,0)=f(x)$$

(1) この問題に対して以下の 2 つの問題を考えると，u_1+u_2 は上の問題の解になることを示せ．

$$\begin{aligned}\frac{d^2 u_1}{dx^2} &= -h(x), \qquad u_1(0)=a, \qquad u_1(1)=b \\ \frac{\partial u_2}{\partial t} &= \frac{\partial^2 u_2}{\partial x^2}, \qquad u_2(0,t)=u_2(1,t)=0, \qquad u_2(x,0)=f(x)-u_1(x)\end{aligned}$$

(2) u_1 を h を用いて表せ．

[8.2] 次の初期値・境界値問題（外力のある場合の弦の振動）

$$\frac{\partial^2 u}{\partial t^2} = \frac{\partial^2 u}{\partial x^2} + \sin 2\pi t \sin \pi x \qquad (0<x<1,\quad t>0)$$

$$u(0,t)=u(1,t)=0,\qquad u(x,0)=u_t(x,0)=0$$

を考える．

(1) 解として

$$u(x,t) = \sum_{n=1}^{\infty} a_n(t)\sin n\pi x$$

を仮定したとき $a_n(t)$ が満足する方程式を求めよ.

(2) もとの問題の解を求めよ.

[8.3] 次の 1 次元熱伝導方程式の初期値問題をフーリエ変換を用いて解け.

$$\begin{aligned}\frac{\partial u}{\partial t} &= \frac{\partial^2 u}{\partial x^2} \quad (-\infty < x < \infty, \quad t > 0) \\ u(x,0) &= \delta(x) \quad (-\infty < x < \infty)\end{aligned}$$

付　　録

ラプラス逆変換と留数定理

関数 $f(t)$ と $f'(t)$ ($t>0$ とする) が有限な閉区間で区分的に連続で，そのラプラス変換 $L[f(t)]$ の収束座標が α であるとする．このとき，$\mathrm{Re}(s) > \alpha$ を満足する任意の s に対して積分

$$\int_0^\infty |e^{-st}f(t)|dt$$

が存在する．いま，この $f(t)$ を，$t>0$ に対してはそのままで，$t \leq 0$ に対して $f(t) = 0$ と定義しなおして，$f(t)$ のラプラス変換 $F(s)$ を考えると

$$F(s) = \int_0^\infty e^{-st}f(t)dt = \int_{-\infty}^\infty e^{-st}f(t)dt = \int_{-\infty}^\infty e^{-i\lambda t}e^{-\sigma t}f(t)dt \quad (1)$$

となる．ただし，$s = \sigma + i\lambda$ とおいた．ここで積分

$$\int_{-\infty}^\infty |e^{-\sigma t}f(t)|dt = \int_0^\infty |e^{-st}f(t)|dt$$

は存在するため，式 (1) は，関数 $e^{-\sigma t}f(t)$ のフーリエ変換が $F(s)$ であることを示す式であるとみなせる．そこで，フーリエ逆変換の公式から

$$\frac{1}{2}e^{-\sigma t}[f(t+0) + f(t-0)] = \frac{1}{2\pi}\int_{-\infty}^\infty e^{i\lambda t}F(\sigma + i\lambda)d\lambda$$

となる．したがって，

$$\frac{1}{2}[f(t+0)+f(t-0)] = \frac{1}{2\pi}\int_{-\infty}^\infty e^{(\sigma+i\lambda)t}F(\sigma+i\lambda)d\lambda = \frac{1}{2\pi i}\int_{\sigma-i\infty}^{\sigma+i\infty} e^{st}F(s)ds$$

となるため ($s = \sigma + i\lambda$)，ラプラス逆変換の公式として

$$L^{-1}[F(s)] = \frac{1}{2\pi i} \int_{\sigma-i\infty}^{\sigma+i\infty} e^{st} F(s) ds \qquad (2)$$

が得られる．

さて，ラプラス変換の定義式で $s = \sigma + i\lambda$ とおき $L[f] = F(s) = u(\sigma, \lambda) + iv(\sigma, \lambda)$ と書くことにすれば，

$$u(\sigma, \lambda) = -\int_0^\infty e^{-\sigma t} \cos(\lambda t) f(t) dt \qquad (3)$$

$$v(\sigma, \lambda) = -\int_0^\infty e^{-\sigma t} \sin(\lambda t) f(t) dt \qquad (4)$$

となる．ここで，$|\cos(\lambda t)| \leq 1$，$|\sin(\lambda t)| \leq 1$ であるから，$\sigma > \alpha$ に対してこれらの積分は存在する．さらに，式 (3) と (4) をそれぞれ σ と λ で微分すれば

$$\begin{aligned}\frac{\partial u}{\partial \sigma} &= -\int_0^\infty e^{-\sigma t} \cos(\lambda t) t f(t) dt \\ \frac{\partial v}{\partial \lambda} &= -\int_0^\infty e^{-\sigma t} \cos(\lambda t) t f(t) dt\end{aligned}$$

となる．これらの積分も $\sigma > \alpha$ で存在する（なぜなら $f(t)$ の収束座標が α であるとき $tf(t)$ の収束座標も α である）ため，上式は

$$\frac{\partial u}{\partial \sigma} = \frac{\partial v}{\partial \lambda}$$

を意味する．同様にして

$$\frac{\partial u}{\partial \lambda} = -\frac{\partial v}{\partial \sigma}$$

であることも示すことができる．これらは $F(s) = u + iv$ が正則であることを示すコーシー・リーマン (Cauchy-Riemann) の方程式になっている（2 巻参照）．

このようにラプラス変換は収束座標を α としたとき $\mathrm{Re}(s) > \alpha$ において正則である．そして，ラプラス逆変換を行う場合の積分路は，$F(s)$ の特異点がすべてその左にくるようにとる必要がある．

2 巻『複素関数とその応用』では正則関数の複素積分が留数を用いて簡単に計算できることを示した．このことは式 (2) に対してもあてはまる．いま，$f(t)$

のラプラス変換 $F(s)$ が有理関数であるとする．また半平面 $\mathrm{Re}(s) < \alpha$ 内にあるすべての留数を s_k $(k = 1, 2, \cdots, n)$ とする．このとき

$$L^{-1}[F] = \sum_{k=1}^{n} \mathrm{Res}(e^{s_k t} F(s_k)) \tag{5}$$

が成り立つ．

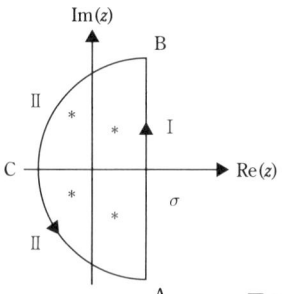

図1 ブロムウィッチの積分路

証明は次のようにする．複素積分の計算法を思い出すと，そこでは求めたい積分の積分区間をその一部として含む閉曲線を積分路に選び，積分を周回積分の計算に置き換えた．このとき，新たにつけ加わった積分が極限で 0 になるように積分路を選んだ．そこで式 (2) に対して，図 1 に示す積分路（ブロムウィッチ（Bromwich）の積分路）を考える．$r \to \infty$ のとき，図の II に沿った積分が 0 になれば，図の I に沿った積分が求める積分に一致するため，その極限で周回積分と等しくなる．一方，留数定理から周回積分の値は積分路内の (留数の和)×$(2\pi i)$ に等しい．$2\pi i$ は打ち消し合うため式 (5) の右辺となる．結局，II に沿った積分が 0 になることを証明すればよい．

さて，円弧 BCA 上では $s = \sigma + Re^{i\theta}$ であるから

$$ds = iRe^{i\theta} d\theta \quad \left(\frac{\pi}{2} \leq \theta \leq \frac{3\pi}{2}\right)$$

したがって

$$|e^{st}| = |e^{\sigma t + Rt(\cos\theta + i\sin\theta)}| = e^{\sigma t}|e^{Rt\cos\theta}|, \qquad |ds| = Rd\theta$$

であるから

$$I = \left|\frac{1}{2\pi i}\int_{\widehat{\mathrm{BCA}}} e^{st} F(s) ds\right| \leq \frac{1}{2\pi}\int_{\widehat{\mathrm{BCA}}} |e^{st}||F(s)||ds|$$

$$= \frac{1}{2\pi}e^{\sigma t}R\int_{\frac{\pi}{2}}^{\frac{3\pi}{2}} e^{Rt\cos\theta}|F(s)|d\theta$$

となる．一方 $R \to \infty$ のとき

$$|F(s)| < \varepsilon$$

となるため，$\theta = \pi/2 + \varphi$ とおけば

$$I < \frac{2\varepsilon}{2\pi}e^{\sigma t}R\int_0^{\frac{\pi}{2}} e^{-Rt\sin\varphi}d\varphi < \frac{\varepsilon}{\pi}e^{\sigma t}R\int_0^{\frac{\pi}{2}} e^{-\frac{Rt\varphi}{2}}d\varphi$$
$$= \frac{2\varepsilon}{\pi}e^{\sigma t}\frac{1}{t}(1 - e^{-\frac{\pi Rt}{4}})$$

が成り立つ．この式は ε をいくらでも小さくできるから，$R \to \infty$ のとき 0 になる．

例題

式 (2) を用いて次の関数のラプラス逆変換を求めよ．

(1) $\dfrac{1}{s(s+a)}$, (2) $\dfrac{s+2}{(s+1)^2(s+3)}$

【解】 (1) 特異点は $s = 0$ と $s = -a$ であるから

$$L^{-1}\left[\frac{1}{s(s+1)}\right] = \text{Res}(0) + \text{Res}(-a) = \lim_{s\to 0}\frac{e^{st}}{s+a} + \lim_{s\to -a}\frac{e^{st}}{s}$$
$$= \frac{1}{a} - \frac{e^{-at}}{a}$$

(2) 特異点は $s = -1$（2 位の極）と -3 であるから

$$L^{-1}\left[\frac{s+2}{(s+1)^2(s+3)}\right] = \lim_{s\to -1}\frac{d}{ds}\frac{(s+2)e^{st}}{s+3} + \lim_{s\to -3}\frac{(s+2)e^{st}}{(s+1)^2}$$
$$= \frac{2t+1}{4}e^{-t} - \frac{1}{4}e^{-3t}$$

略　　解

第 1 章

問 1.1 (1) $L(\sinh \omega t) = \int_0^\infty \frac{e^{\omega t}-e^{-\omega t}}{2} e^{-st} dt$
$= \left[\frac{1}{2(\omega-s)} e^{(\omega-s)t} + \frac{1}{2(\omega+s)} e^{-(\omega+s)t} \right]_0^\infty = \frac{1}{2}\left(\frac{1}{s-\omega} - \frac{1}{s+\omega} \right) = \underline{\frac{\omega}{s^2-\omega^2}}$.

(2) $L[\cosh \omega t] = \int_0^\infty \frac{e^{\omega t}+e^{-\omega t}}{2} e^{-st} dt = \left[\frac{1}{2(\omega-s)} e^{(\omega-s)t} - \frac{1}{2(\omega+s)} e^{-(\omega+s)t} \right]_0^\infty$
$= \frac{1}{2}\left(\frac{1}{s-\omega} + \frac{1}{s+\omega} \right) = \underline{\frac{s}{s^2-\omega^2}}$.

問 1.2 (1) $L[2 + 3e^{-t}] = 2L[1] + 3L[e^{-t}] = \frac{2}{s} + \frac{3}{s+1} = \underline{\frac{5s+2}{s(s+1)}}$.

(2) $L[3\sin 2t + 2\cosh t] = 3\frac{2}{s^2+4} + 2\frac{s}{s^2-1} = \underline{\frac{2s^3+6s^2+8s-6}{(s^2+4)(s^2-1)}}$.

(3) $L[\sin 3t] = \frac{3}{s^2+9} = F[s]$;　$L[e^{2t}\sin 3t] = F[s-2] = \underline{\frac{3}{(s-2)^2+9}}$.

問 1.3 (1) $L[1 - e^{-t}] = \frac{1}{s} - \frac{1}{s+1}$, したがって $L\left[\frac{1-e^{-t}}{t}\right] = \int_s^\infty \left(\frac{1}{s} - \frac{1}{s+1} \right) ds$
$= -\log \frac{s}{s+1} = \underline{\log(s+1) - \log s}$.

(2) $L[\sin 2t] = \frac{2}{s^2+4}$, したがって $L[t\sin 2t] = -\frac{d}{ds}\left(\frac{2}{s^2+4} \right) = \underline{\frac{4s}{(s^2+4)^2}}$.

問 1.4 (1) $L[\sin t * \cos t] = L[\sin t]L[\cos t] = \underline{\frac{s}{(s^2+1)^2}}$.

(2) $L[t * te^{-t}] = L[t]L[te^{-t}] = \underline{\frac{1}{s^2(s+1)^2}}$.

問 1.5 (1) $L^{-1}\left[\frac{1}{s-3} + \frac{1}{2s-1}\right] = L^{-1}\left[\frac{1}{s-3}\right] + \frac{1}{2}L^{-1}\left[\frac{1}{s-1/2}\right] = \underline{e^{3t} + \frac{1}{2}e^{t/2}}$.

(2) $L^{-1}\left[\frac{1}{(2s-5)^4}\right] = \frac{1}{2^4}L^{-1}\left[\frac{1}{(t-5/2)^4}\right] = \frac{1}{16}\frac{1}{3!}t^3 e^{5t/2} = \underline{\frac{1}{96}t^3 e^{5t/2}}$.

(3) $L^{-1}\left[\frac{1}{s^2-2s+2}\right] = L^{-1}\left[\frac{1}{(s-1)^2+1}\right] = \underline{e^t \sin t}$.

問 1.6 (1) $\frac{s-c}{(s-a)(s-b)} = \frac{1}{a-b}\left(\frac{a-c}{s-a} - \frac{b-c}{s-b}\right)$, したがって, $L^{-1}\left[\frac{s-c}{(s-a)(s-b)}\right] = \underline{\frac{a-c}{a-b}e^{at}}$
$\underline{+ \frac{b-c}{b-a}e^{bt}}$.

(2) $\frac{s^2+1}{s^3+6s^2+11s+6} = \frac{s^2+1}{(s+1)(s+2)(s+3)}$. ヘビサイドの展開定理より,
$L^{-1}\left[\frac{s^2+1}{s^3+6s^2+11s+6}\right] = \frac{(-1)^2+1}{3(-1)^2+12(-1)+11}e^{-t} + \frac{(-2)^2+1}{3(-2)^2+12(-2)+11}e^{-2t}$
$+ \frac{(-3)^2+1}{3(-3)^2+12(-3)+11}e^{-3t} = \underline{e^{-t} - 5e^{-2t} + 5e^{-3t}}$.

問 1.7 (1) $L^{-1}\left[\frac{s}{(s-3)^2+4}\right] = L^{-1}\left[\frac{s-3}{(s-3)^2+4}\right] + \frac{3}{2}L^{-1}\left[\frac{2}{(s-3)^2+4}\right] = \underline{e^{3t}\cos 2t +}$
$\underline{\frac{3}{2}e^{3t}\sin 2t}$.

略　解　　159

(2) $\frac{s}{(s^2-a^2)^2} = \frac{d}{ds}\left(-\frac{1}{2}\frac{1}{s^2-a^2}\right)$, $L^{-1}\left[-\frac{1}{2}\frac{1}{s^2-a^2}\right] = -\frac{1}{2a}\sinh at$, $L^{-1}\left[\frac{s}{(s^2-a^2)^2}\right]$
$= L^{-1}\left[\frac{d}{ds}\left(-\frac{1}{2}\frac{1}{s^2-a^2}\right)\right] = \boxed{\frac{t}{2a}\sinh at}$.

問 **1.8** $L[x] = X$ とおく.

(1) $L[x'' + 2x] = (s^2X - 1s - 0) + X = 0$, $X = s/(s^2+1)$, $x = \boxed{\cos t}$.

(2) $L[x' - x] = (sX - 1) - X = 1/(s-1)$, $X = \frac{1}{s-1} + \frac{1}{(s-1)^2}$,
$x = e^t + te^t = \boxed{(1+t)e^t}$.

問 **1.9** $L[x] = X$, $L[y] = y$ とおく. $sX - 2Y + 2X = \frac{1}{s}, sY + X + 5Y = \frac{2}{s}$
より, $X = \frac{s+9}{s(s+3)(s+4)} = \frac{3}{4}\frac{1}{s} - 2\frac{1}{s+3} + \frac{5}{4}\frac{1}{s+4}$; $x = \boxed{\frac{3}{4} - 2e^{-3t} + \frac{5}{4}e^{-4t}}$,
$y = \frac{x'}{2} + x - \frac{1}{2} = \boxed{\frac{1}{4} + e^{-3t} - \frac{5}{4}e^{-4t}}$.

問 **1.10** インピーダンスは $as + b$; $g(t) = L^{-1}\left[\frac{1}{s(as+b)}\right] = \frac{1}{b}L^{-1}\left[\frac{1}{s} - \frac{a}{as+b}\right]$
$= \boxed{\frac{1}{b}(1 - e^{-bt/a})}$; $h(t) = L^{-1}\frac{1}{as+b} = \boxed{\frac{1}{a}e^{-bt/a}}$.

章末問題

[1.1] (1) $L[\sin(at+b)] = \cos b L[\sin at] + \sin b L[\cos at] = \boxed{\frac{a\cos b + s\sin b}{s^2+a^2}}$.

(2) $L[\sinh^2 at] = L\left[\frac{(e^{at}-e^{-at})^2}{4}\right] = L\left[\frac{e^{2at}}{4} - \frac{1}{2} + \frac{e^{-2at}}{4}\right] = \frac{1}{4}\frac{1}{s-2a} - \frac{1}{2s}$
$+ \frac{1}{4}\frac{1}{s+2a} = \boxed{\frac{s}{2(s^2-4a^2)} - \frac{1}{2s}}$.

(3) $L[e^t(2\sin t - 5\cos 2t)] = 2L[e^t\sin t] - 5L[e^t\cos 2t] = \boxed{\frac{2}{(s-1)^2+1} - \frac{5(s-1)}{(s-1)^2+4}}$.

(4) $L[f(t)] = \int_0^1 0 e^{-st}dt + \int_1^2 e^{-st}dt + \int_2^\infty 0 e^{-st}dt = \left[-\frac{1}{s}e^{-st}\right]_1^2 =$
$\boxed{\frac{1}{s}(e^{-s} - e^{-2s})}$.

[1.2] (1) $L^{-1}\left[\frac{s-a}{(s-b)^2}\right] = L^{-1}\left[\frac{1}{s-b} + \frac{b-a}{(s-b)^2}\right] = \boxed{e^{bt} + (b-a)te^{bt}}$.

(2) $L^{-1}\left[\frac{s+1}{(s+2)(s-3)(s+4)}\right] = \frac{1}{10}L^{-1}\left[\frac{1}{s+2}\right] + \frac{4}{35}L^{-1}\left[\frac{1}{s-3}\right] - \frac{3}{14}L^{-1}\left[\frac{1}{s+4}\right]$
$= \boxed{\frac{1}{10}e^{-2t} + \frac{4}{35}e^{3t} - \frac{3}{14}e^{-4t}}$.

(3) $L^{-1}\left[\frac{1}{s^2(s^2-9)}\right] = \frac{1}{27}L^{-1}\left[\frac{3}{s^2-3^2}\right] - \frac{1}{9}L^{-1}\left[\frac{1}{s^2}\right] = \boxed{\frac{1}{27}\sinh 3t - \frac{t}{9}}$.

(4) $L^{-1}\left[\frac{1}{s^4-a^4}\right] = \frac{1}{2a^2}L^{-1}\left[\frac{1}{s^2-a^2} - \frac{1}{s^2+a^2}\right] = \boxed{\frac{1}{2a^3}(\sinh at - \sin at)}$.

[1.3] $L[x] = X, L[y] = Y$ とおく.

(1) $(s^2X - 0s - 1) + 2(sX - 0) + X = \frac{1}{(s+2)^2}$, $X = \frac{1}{(s+1)^2} + \frac{1}{(s+1)^2(s+2)^2} =$
$-\frac{2}{(s+1)} + \frac{2}{(s+1)^2} + \frac{2}{(s+2)} + \frac{1}{(s+2)^2}$; $x = \boxed{(-2+2t)e^{-t} + (2+t)e^{-2t}}$.

(2) $(s^2X - \frac{s}{2} - \frac{1}{2}) - 3(sX - \frac{1}{2}) + 2X = \frac{1}{(s-4)^2+1}$, $X = \frac{1}{2(s-1)}$
$+ \frac{1}{(s-1)(s-2)(s^2-8s+17)} = \frac{1}{2(s-1)} - \frac{1}{10(s-1)} + \frac{1}{5(s-2)} - \frac{1}{10}\frac{(s-4)-1}{(s-4)^2+1^2}$,

$x = \frac{2}{5}e^t + \frac{1}{5}e^{2t} - \frac{1}{10}e^{4t}\cos t + \frac{1}{10}e^{4t}\sin t$.

(3) $(sX - 4) - 3(sY - 1) + 2Y = 0, (sX - 4) + 4X - 5(sY - 1) = 0$;
$X = \frac{4s-1}{s^2-5s+4} = \frac{5}{s-4} - \frac{1}{s-1}$. $x = \boxed{5e^{4t} - e^t}$; $Y = \frac{s+2}{s^2-5s+4} = \frac{2}{s-4} - \frac{1}{s-1}$; $y = \boxed{2e^{4t} - e^t}$.

[1.4] (1) $x'(0) = c$ とおくと $(s^2X - s - c) + 4(sX - 1) + 8X = 0$. $X = \frac{s+c+4}{s^2+4s+8} = \frac{s+2}{(s+2)^2+2^2} + \frac{c+2}{2}\frac{2}{(s+2)^2+2^2}$; $x = \boxed{e^{-2t}\cos 2t + \frac{c+2}{2}e^{-2t}\sin 2t}$.

(2) $x' = -2e^{-2t}(\cos 2t + \sin 2t) + (c+2)e^{-2t}(-\sin 2t + \cos 2t)$.
$x'(\frac{\pi}{2}) = e^{-\pi}$ より $2 - (c+2) = 1$; $c = -1$; $x = \boxed{e^{-2t}(\cos 2t + \frac{1}{2}\sin 2t)}$.

[1.5] 方程式をラプラス変換して $sX - 1 + 4X + \frac{3X}{s} = \frac{1}{s-1}$; $(s^2+4s+3)X = \frac{s^2}{s-1}$.
$X = \frac{1}{8}\frac{1}{s-1} - \frac{1}{4}\frac{1}{s+1} + \frac{9}{8}\frac{1}{s+3}$, $x = \boxed{\frac{1}{8}e^t - \frac{1}{4}e^{-t} + \frac{9}{8}e^{-3t}}$.

第2章

問 2.1 (1),(2) $\cos(\theta_1 - \theta_2) + i\sin(\theta_1 - \theta_2) = e^{i(\theta_1-\theta_2)} = e^{i\theta_1}e^{-i\theta_2} = (\cos\theta_1 + i\sin\theta_1)(\cos\theta_2 - i\sin\theta_2) = \cos\theta_1\cos\theta_2 + \sin\theta_1\sin\theta_2 + i(\sin\theta_1\cos\theta_2 - \sin\theta_2\cos\theta_1)$.

(3)〜(6) 加法定理や (1), (2) を右辺に代入する.

問 2.2 (1),(2) $\cos 2\theta + i\sin 2\theta = e^{2i\theta} = (e^{i\theta})^2 = (\cos\theta + i\sin\theta)^2 = \cos^2\theta - \sin^2\theta + i(2\sin\theta\cos\theta)$.

(3),(4) $\cos 3\theta + i\sin 3\theta = e^{3i\theta} = (e^{i\theta})^3 = (\cos\theta + i\sin\theta)^3 = \cos^3\theta - 3\sin^2\theta\cos\theta + i(3\cos^2\theta\sin\theta - \sin^3\theta)$.

問 2.3 (1) $a_0 = \frac{1}{\pi}\int_{-\pi}^{\pi} f(x)dx = \frac{1}{\pi}\int_{-\pi}^{0}\frac{\pi}{2}dx + \frac{1}{\pi}\int_{0}^{\pi}\left(\frac{\pi}{2}+x\right)dx = \frac{3\pi}{2}$.
$a_n = \frac{1}{\pi}\int_{-\pi}^{0}\frac{\pi}{2}\cos nx\,dx + \frac{1}{\pi}\int_{0}^{\pi}\left(\frac{\pi}{2}+x\right)\cos nx\,dx = \frac{1}{2}\left[\frac{1}{n}\sin nx\right]_{-\pi}^{0}$
$+ \frac{1}{\pi}\left(\left[\frac{1}{n}\left(\frac{\pi}{2}+x\right)\sin nx\right]_{0}^{\pi} - \frac{1}{n^2}[\cos nx]_{0}^{\pi}\right) = \frac{(-1)^n - 1}{n^2\pi}$.
$b_n = \frac{1}{\pi}\int_{-\pi}^{0}\frac{\pi}{2}\sin nx\,dx + \frac{1}{\pi}\int_{0}^{\pi}\left(\frac{\pi}{2}+x\right)\sin nx\,dx$
$= -\frac{1}{2}\left[\frac{1}{n}\cos nx\right]_{-\pi}^{0} + \frac{1}{\pi}\left(-\left[\frac{1}{n}\left(\frac{\pi}{2}+x\right)\cos nx\right]_{0}^{\pi} + \frac{1}{n^2}[\sin nx]_{0}^{\pi}\right)$
$= -\frac{1-(-1)^n}{2n} + \frac{1}{\pi}\left(-\frac{3\pi}{2n}(-1)^n + \frac{\pi}{2n}\right) = -\frac{(-1)^n}{n}$.
$f(x) \sim \boxed{\frac{3\pi}{4} + \sum_{n=1}^{\infty}\left(\frac{(-1)^n-1}{n^2\pi}\cos nx - \frac{(-1)^n}{n}\sin nx\right)}$.

(2) 例題 2.1, 2.2 より
$f(x) \sim \boxed{\frac{\pi^2}{3} + 4\left(\sum_{n=1}^{\infty}\frac{(-1)^n}{n^2}\cos nx + \sum_{n=1}^{\infty}\frac{(-1)^n}{n}\sin nx\right)}$.

略解

問 2.4 $f(x)$ は奇関数なので $b_n = 2\int_0^1 \sin n\pi x dx = 2\left[-\frac{1}{n\pi}\cos n\pi x\right]_0^1 = -\frac{2}{n\pi}(-1)^n + \frac{2}{n\pi}$, $f(x) \sim \frac{2}{\pi}\sum_{n=1}^{\infty} \frac{1-(-1)^n}{n}\sin n\pi x$.

問 2.5 $c_n = \frac{1}{2}\int_{-1}^{1} e^{\pi(1-x)}e^{-in\pi x}dx = \frac{e^\pi}{2}\int_{-1}^{1} e^{-(1+in)\pi x}dx = \frac{e^\pi}{2}\left[-\frac{e^{-(1+in)\pi x}}{(1+in)\pi}\right]_{-1}^{1}$
$= \frac{e^\pi(1-in)}{(1+n^2)\pi}(-1)^n \sinh \pi$, $e^{\pi(1-x)} \sim \sum_{n=-\infty}^{\infty} \frac{e^\pi(1-in)(-1)^n}{(1+n^2)\pi}\sinh \pi e^{in\pi x}$.

問 2.6 問 2.3(1) で $x=\pi$ とおくと $\frac{3\pi}{2} = \frac{3\pi}{4} + \sum_{n=1}^{\infty}\frac{1-(-1)^n}{n^2\pi}$, したがって
$\frac{3\pi^2}{4} = \sum_{n=1}^{\infty}\frac{1-(-1)^n}{n^2}$, $\frac{1}{1^2}+\frac{1}{3^2}+\frac{1}{5^2}+\cdots = \frac{3}{8}\pi^2$.

章末問題

[2.1] $b_n = \frac{2}{\pi}\int_0^\pi \sin nxdx = \frac{2}{n\pi}[-\cos nx]_0^\pi = \frac{2}{n\pi}(1-(-1)^n)$, または
問 2.4 より $f(x) \sim \frac{4}{\pi}\left(\sin x + \frac{1}{3}\sin 3x + \frac{1}{5}\sin 5x + \cdots\right)$. $x = \frac{\pi}{2}$ とおくと
$1 \sim \frac{4}{\pi}\left(1-\frac{1}{3}+\cdots\right)$ より $1-\frac{1}{3}+\frac{1}{5}-\frac{1}{7}+\cdots = \frac{\pi}{4}$.

[2.2] $b_n = \frac{2}{\pi}\int_0^\pi \sinh ax \sin nxdx = \frac{1}{\pi}\left(\int_0^\pi e^{ax}\sin nxdx - \int_0^\pi e^{-ax}\sin nxdx\right) =$
$\frac{1}{\pi(n^2+a^2)}\left[e^{ax}(-n\cos nx + a\sin nx)\right]_0^\pi + \frac{1}{\pi(n^2+a^2)}\left[e^{-ax}(n\cos nx + a\sin nx)\right]_0^\pi$
$= \frac{2n(-1)^{n+1}}{\pi(n^2+a^2)}\sinh a\pi$, $\sinh ax \sim \frac{2}{\pi}\sinh a\pi \sum_{n=1}^{\infty}\frac{(-1)^{n+1}n}{n^2+a^2}\sin nx$. $a=1$,
$x=\frac{\pi}{2}$ とおく. $\sinh\frac{\pi}{2} = \frac{2}{\pi}\sinh\pi \sum_{n=1}^{\infty}\frac{n}{n^2+1}(-1)^{n+1}\sin\frac{n\pi}{2}$,
$\sum_{n=1}^{\infty}\frac{n(-1)^{n+1}}{1+n^2}\sin\frac{n\pi}{2} = \sum_{m=0}^{\infty}\frac{(-1)^m(2m+1)}{(2m+1)^2+1} = \frac{\pi}{2}\frac{\sinh(\pi/2)}{\sinh\pi}$.

[2.3] $a_0 = \frac{2}{\pi}\int_0^\pi \cos axdx = \frac{2}{a\pi}[\sin ax]_0^\pi = \frac{2\sin a\pi}{a\pi}$, $a_n = \frac{2}{\pi}\int_0^\pi \cos ax\cos nxdx =$
$\frac{1}{\pi}\int_0^\pi (\cos(a-n)x + \cos(a+n)x)dx = \frac{1}{\pi}\left[\frac{\sin(a-n)x}{a-n} + \frac{\sin(a+n)x}{a+n}\right]_0^\pi$
$= \frac{(-1)^n 2a\sin a\pi}{\pi(a^2-n^2)}$. $\cos ax \sim \frac{\sin a\pi}{a\pi} + \frac{2a\sin a\pi}{\pi}\sum_{n=1}^{\infty}(-1)^n \frac{\cos nx}{a^2-n^2}$. この式で
$x=\pi$ とおき両辺に $\frac{\pi}{\sin a\pi}$ をかけると問題の式が得られる.

[2.4] (1) 右辺 $= \frac{1}{1-a^2}\frac{1-ae^{-ix}+ae^{-ix}-a^2}{(1-ae^{ix})(1-ae^{-ix})} = \frac{1}{1-2a(e^{ix}+e^{-ix})/2+a^2} =$ 左辺.
(2) 与式の右辺 $= \frac{1}{1-a^2}(1+ae^{ix}+a^2e^{2ix}+\cdots + ae^{-ix}(1+ae^{-ix}+a^2e^{-2ix}+\cdots)) = \frac{1}{1-a^2}(1+a(e^{ix}+e^{-ix})+a^2(e^{2ix}+e^{-2ix})+\cdots)$
$= \frac{1}{1-a^2}(1+2a\cos x+2a^2\cos 2x+\cdots)$.

[2.5] (1) 式 (2.27) において $x=a\xi$ を代入し, あらためて ξ を x と考える.
(2) 式 (2.27), (2.28) において $x=\xi+b$ を代入し, 周期 $2l$ の関数 $f(x)$ に対して $\int_{-l+b}^{l+b} f(x)dx = \int_{-l}^{l} f(x)dx$ が成り立つことを使う.

第 3 章

問 3.1 (1) $F[xe^{-|x|}] = \frac{1}{\sqrt{2\pi}}\int_{-\infty}^{\infty} xe^{-|x|}e^{-i\lambda x}dx = \frac{1}{\sqrt{2\pi}}\int_{-\infty}^{0} xe^{(1-i\lambda)x}dx + \frac{1}{\sqrt{2\pi}}\int_0^\infty xe^{-(1+i\lambda)x}dx = \frac{1}{\sqrt{2\pi}}\left[\frac{xe^{(1-i\lambda)x}}{1-i\lambda} - \frac{e^{(1-i\lambda)x}}{(1-i\lambda)^2}\right]_{-\infty}^{0} + \frac{1}{\sqrt{2\pi}}\left[-\frac{xe^{-(1+i\lambda)x}}{1+i\lambda}\right.$

$$-\left.\frac{e^{-(1+i\lambda)x}}{(1+i\lambda)^2}\right]_0^\infty = \frac{1}{\sqrt{2\pi}}\left(-\frac{1}{(1-i\lambda)^2}\right) + \frac{1}{\sqrt{2\pi}}\left(\frac{1}{(1+i\lambda)^2}\right) = \frac{1}{\sqrt{2\pi}}\frac{-4i\lambda}{(1+\lambda^2)^2}.$$

(2) $F[f(x)] = \frac{1}{\sqrt{2\pi}}\int_{-1}^1 e^{-i\lambda x}dx = \frac{1}{\sqrt{2\pi}}\left[-\frac{e^{-i\lambda x}}{i\lambda}\right]_{-1}^1 = \sqrt{\frac{2}{\pi}}\frac{\sin\lambda}{\lambda}.$

問 3.2 $\int_0^\infty f(\lambda)\sin\lambda x d\lambda = \begin{cases} 1-\lambda & |\lambda| \leq 1 \\ 0 & |\lambda| > 1 \end{cases}$. $f(x) = \sqrt{\frac{2}{\pi}}\int_0^\infty \sqrt{\frac{2}{\pi}}F(\lambda)$

$\sin\lambda x d\lambda = \frac{2}{\pi}\int_0^1 (1-\lambda)\sin x\lambda d\lambda = \frac{2}{\pi}\left[-\frac{1}{x}(1-\lambda)\cos x\lambda\right]_0^1 - \frac{2}{\pi}\left[\frac{1}{x^2}\sin x\lambda\right]_0^1$

$= \frac{2(x-\sin x)}{\pi x^2}.$

問 3.3 $x < 0$ のとき 0, $x > 0$ のとき xe^{-x}.

章末問題

[3.1] (1) $F\left[\frac{1}{x^2+a^2}\right] = \frac{1}{\sqrt{2\pi}}\int_{-\infty}^\infty \frac{e^{-i\lambda x}}{x^2+a^2}dx = \frac{1}{\sqrt{2\pi}}\oint_C \frac{e^{-i\lambda z}}{z^2+a^2}dz = \frac{1}{\sqrt{2\pi}}2\pi i\text{Res}(ai) =$
$\sqrt{2\pi}i\lim_{z\to ai}\frac{e^{-i\lambda z}}{z+ia} = \sqrt{\frac{\pi}{2}}\frac{e^{\lambda a}}{a}.$（下図を参照）

(2) $F[f(x)] = \frac{1}{\sqrt{2\pi}}\int_0^a (a-x)e^{-i\lambda x}dx + \frac{1}{\sqrt{2\pi}}\int_{-a}^0 (a+x)e^{-i\lambda x}dx$
$= \frac{1}{\sqrt{2\pi}}\left[-\frac{e^{-i\lambda x}}{i\lambda}(a-x) + \frac{1}{(i\lambda)^2}e^{-i\lambda x}\right]_0^a$
$+ \frac{1}{\sqrt{2\pi}}\left[-\frac{e^{-i\lambda x}}{i\lambda}(a+x) - \frac{1}{(i\lambda)^2}e^{-i\lambda x}\right]_{-a}^0 = \sqrt{\frac{2}{\pi}}\frac{1-\cos a\lambda}{\lambda^2}.$

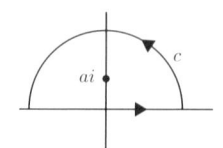

図

[3.2] (1) $i\frac{dF}{d\lambda}$, (2) $e^{2i\lambda}F(\lambda)$, (3) $F(-\lambda)$,
(4) $2iF(\lambda)\sin a\lambda$, (5) $F(\lambda-\omega)$, (6) $\frac{F(\lambda-\omega)-F(\lambda+\omega)}{2i}$.

[3.3] (1) $F[f] = \frac{1}{\sqrt{2\pi}}\int_{-1}^1 (1-x^2)e^{-i\lambda x}dx = \frac{1}{\sqrt{2\pi}}\left[\left(-\frac{1-x^2}{i\lambda} - \frac{2x}{\lambda^2} - \frac{2}{i\lambda^3}\right)e^{-i\lambda x}\right]_{-1}^1$
$= \frac{2\sqrt{2}}{\sqrt{\pi}}\frac{\sin\lambda - \lambda\cos\lambda}{\lambda^3}.$

(2) 反転公式から $f(x) = \frac{1}{\sqrt{2\pi}}\int_{-\infty}^\infty F(\lambda)e^{ix\lambda}d\lambda = \frac{2}{\pi}\int_{-\infty}^\infty \left(\frac{\sin\lambda-\lambda\cos\lambda}{\lambda^3}\right)e^{ix\lambda}d\lambda$
$= \frac{4}{\pi}\int_0^\infty \left(\frac{\sin\lambda-\lambda\cos\lambda}{\lambda^3}\right)\cos x\lambda d\lambda$
$x = \frac{1}{2}$ とおけば $\frac{4}{\pi}\int_0^\infty \left(\frac{\sin\lambda-\lambda\cos\lambda}{\lambda^3}\right)\cos\frac{\lambda}{2}d\lambda$
$= 1 - \left(\frac{1}{2}\right)^2 = \frac{3}{4}$ より, 求める積分は $\frac{3\pi}{16}$.

[3.4] f の正弦変換 $F_s[f] = \sqrt{\frac{2}{\pi}}\int_0^\infty f(x)\sin\lambda x dx = \sqrt{\frac{2}{\pi}}\lambda e^{-\lambda}$, したがって,
反転公式から $f(x) = \sqrt{\frac{2}{\pi}}\int_0^\infty F_s(\lambda)\sin(x\lambda)d\lambda = \frac{2}{\pi}\int_0^\infty \lambda e^{-\lambda}\sin\lambda x d\lambda = \frac{4}{\pi}\frac{x}{(1+x^2)^2}.$

第4章

問 4.1 $(u+v, u+v) + (u-v, u-v) = (u,u) + (v,u) + (u,v) + (v,v) + (u,u)$
$-(v,u)-(u,v)+(v,v) = 2(u,u)+2(v,v)$. ただし $(u,-v) = -(u,v); (-v,u)$
$= -(v,u); (-v,-v) = (v,v)$ 等を用いた.

問 4.2 $I = \int_0^\pi \sin\left(n+\frac{1}{2}\right)x \sin\left(m+\frac{1}{2}\right)x\, dx = -\frac{1}{2}\int_0^\pi (\cos(m+n+1)x - \cos(n-m)x)dx$, $m \neq n$ のとき $I = \frac{1}{2}\left[-\frac{1}{m+n+1}\sin(m+n+1)x + \frac{1}{n-m}\sin(n-m)x\right]_0^\pi$
$= 0$, $m = n$ のとき $I = \frac{1}{2}\left[-\frac{1}{2m+1}\sin(2m+1)x + x\right]_0^\pi = \frac{\pi}{2}$.

問 4.3 $y = A\sin\sqrt{\lambda}x + B\cos\sqrt{\lambda}x$; $y' = A\sqrt{\lambda}\cos\sqrt{\lambda}x - B\sqrt{\lambda}\sin\sqrt{\lambda}x$, $y'(0) = A\sqrt{\lambda} = 0 \to A = 0$; $y(1) = B\cos\sqrt{\lambda} = 0 \to \sqrt{\lambda} = n\pi + \frac{\pi}{2}$; $\lambda = (n+\frac{1}{2})^2\pi^2$; $y = \boxed{\cos(n+\frac{1}{2})\pi x}$.

章末問題

[4.1] $y = A\sin\sqrt{\lambda}x + B\cos\sqrt{\lambda}x$; $y' = A\sqrt{\lambda}\cos\sqrt{\lambda}x - B\sqrt{\lambda}\sin\sqrt{\lambda}x$. $y'(0) = A = 0$; $y'(\pi) = -B\sqrt{\lambda}\sin\sqrt{\lambda}\pi = 0; \lambda = \boxed{n^2}$; $y = \boxed{\cos nx}$.

[4.2] (1) $p = \sqrt{1-x^2}$, $q = 0$, $\rho(x) = \frac{1}{\sqrt{1-x^2}}$, $p(-1) = p(1) = 0$, $y(-1)$ と $y(1)$ は有界より.

(2) $\frac{dT_n}{dx} = \frac{1}{2^{n-1}}\sin(n\cos^{-1}x)\frac{n}{\sqrt{1-x^2}}$, $\frac{d}{dx}\left(\sqrt{1-x^2}\frac{dT_n}{dx}\right) = \frac{n}{2^{n-1}}$
$\times \frac{d}{dx}\sin(n\cos^{-1}x) = -\frac{n^2}{2^{n-1}}\cos(n\cos^{-1}x)\frac{1}{\sqrt{1-x^2}} = -\frac{n^2}{\sqrt{1-x^2}}T_n(x)$ より.

(3) $T_1 = \boldsymbol{x}$, $T_2 = \cos(2\theta) = \frac{2\cos^2\theta - 1}{2} = \boxed{x^2 - \frac{1}{2}}$ (ただし $x = \cos\theta$), $T_3 = \frac{1}{4}\cos 3\theta = \frac{1}{4}(\cos^3\theta - 3\cos\theta\sin^2\theta) = \frac{1}{4}(\cos^3\theta - 3\cos\theta(1-\cos^2\theta)) = \boxed{\frac{4x^3-3x}{4}}$.

[4.3] $x = \cos\theta$ とおくと $\frac{dx}{d\theta} = -\sin\theta$ より $\int_{-1}^1 \frac{T_n^2(x)}{\sqrt{1-x^2}}dx = \frac{1}{2^{2n-2}}\int_\pi^0 \frac{(\cos n\theta)^2}{\sin\theta} \times (-\sin\theta)d\theta = \frac{1}{2^{2n-2}}\int_0^\pi (\cos n\theta)^2 d\theta = \frac{1}{2^{2n-2}}\int_0^\pi \frac{1+\cos 2n\theta}{2}d\theta = \frac{\pi}{2^{2n-1}}$.

[4.4] 展開係数は $C_n = \frac{1}{A}\int_{-1}^1 f(x)\frac{T_n(x)}{\sqrt{1-x^2}}dx$, ただし A は問題 [4.3] の積分.
$\frac{\pi}{2^{2n-1}}C_n = \int_0^1 \frac{\cos(n\cos^{-1}x)}{\sqrt{1-x^2}}dx = \int_{\pi/2}^0 \cos n\theta\, d\theta = \left[\frac{1}{n}\sin n\theta\right]_{\pi/2}^0 = -\frac{\sin\frac{n\pi}{2}}{n}$.
$\sin\frac{n\pi}{2}$ は $n = 2m$ のとき 0 で, $n = 2m+1$ のとき $(-1)^m$ であり, また A として [4.3] の結果を用いれば $f(x) \sim \boxed{\frac{1}{2} + \frac{2}{\pi}\sum_{m=0}^\infty \frac{(-1)^m 2^{2m}}{2m+1}T_{2m+1}(x)}$.

第5章

問 5.1 (1) $B^2 - 4AC = 4 - 0 > 0$, 双曲型.
(2) $B^2 - 4AC = 16 - 4 \cdot 5 \cdot 1 = -4 < 0$, 楕円型.
(3) $B^2 - 4AC = 4x^2y^2 - 4x^2y^2 = 0$, 放物型.
(4) $B^2 - 4AC = 4\sin^2 x + 4\cos^2 x = 4 > 0$, 双曲型.

問 5.2 $u(x,t) = \frac{1}{2}(\cos(x-t) + \cos(x+t)) + \frac{1}{2}\int_{x-t}^{x+t} \sin\xi\, d\xi = \frac{1}{2}(\cos(x-t) + \cos(x+t)) - \frac{1}{2}[\cos\xi]_{x-t}^{x+t} = \boxed{\cos(x-t)}$.

問 5.3 $u_t = -\frac{1}{4\sqrt{\pi a t}\, t} e^{-x^2/(4at)} + \frac{1}{2\sqrt{\pi a t}} \frac{x^2}{4a} \frac{1}{t^2} e^{-x^2/(4at)}$;
$u_x = \frac{1}{2\sqrt{\pi a t}} \left(-\frac{x}{2at}\right) e^{-x^2/(4at)}$; $au_{xx} = -\frac{1}{2\sqrt{\pi a t}} \frac{1}{2t} e^{-x^2/(4at)}$
$+ \frac{1}{2\sqrt{\pi a t}} \left(\frac{x^2}{4at^2}\right) e^{-x^2/(4at)}$.

問 5.4 $u_{\max}$ のかわりに最小値 $u_{\min}$ をとり, 本文中の不等号を逆にすればよい.

章末問題

[5.1] (1) $A = 1, B = 0, C = -x^2$; $t^2 - x^2 = 0$; $t = \pm x$. $\xi_x = x\xi_y \to \frac{dx}{1} = -\frac{dy}{x} = \frac{d\xi}{0} \to xdx + dy = 0 \to \xi = y + \frac{x^2}{2}$, $\eta_x = -x\eta_y \to \frac{dx}{1} = \frac{dy}{x} = \frac{d\eta}{0} \to xdx - dy = 0 \to \eta = y - \frac{x^2}{2}$, $A^* = C^* = 0$, $B^* = -4x^2 = 4(\eta - \xi)$, $D^* = 1$, $E^* = -1$, $\boxed{u_{\xi\eta} = (u_\xi - u_\eta)/4(\xi - \eta)}$.

(2) $A = 1, B = -2x, C = x^2 \to t^2 - 2xt + x^2 = 0 \to t = x$ (重根) $\to \eta_x = x\eta_y \to \eta = y + x^2/2; \xi = x \to B^* = C^* = 0$, $A^* = 1$, $D^* = 0$, $E^* = -1 \to \boxed{u_{\xi\xi} - u_\eta = 0}$.

[5.2] $f(z) = u(x,y) + iv(x,y)$ とおくとコーシー・リーマンの方程式は $u_x = v_y, u_y = -v_x$, したがって $u_{xx} = v_{yx} = v_{xy} = (-u_y)_y = -u_{yy}$; $v_{xx} = (-u_y)_x = -(u_x)_y = -v_{yy}$.

[5.3] $\boldsymbol{n} = (n_x, n_y, n_z)$ とおくと $u = f(n_x x + n_y y + n_z z - ct)$, $u_x = n_x f'$, $u_{xx} = n_x^2 f''$ などから $\nabla^2 u = (n_x^2 + n_y^2 + n_z^2) f'' = f''$, 一方, $u_t = cf'$, $u_{tt} = c^2 f''$ したがって $u_{tt} = c^2 \nabla^2 u$.

第6章

問 6.1 式 (6.10) と $f = 2\sin\pi x - 4\sin 5\pi x$ より $A_1 = 2$, $A_5 = -4$, その他は 0, 式 (6.9) より $u(x,t) = \boxed{2\cos k\pi t \sin\pi x - 4\cos 5k\pi t \sin 5\pi x}$.

問 6.2 $u(0,y) = \sum_{n=1}^\infty (D_n + E_n)\sin n\pi y = 0 \to E_n = -D_n$, したがって $u(1,y) = \sum_{n=1}^\infty D_n(e^{n\pi} - e^{-n\pi})\sin n\pi y = 4$, この式に $\sin m\pi x$ をかけて

$[0,1]$ で積分すれば $D_m = \frac{8}{m\pi} \frac{1-(-1)^m}{e^{m\pi}-e^{-m\pi}}$, したがって $u(x,y) = \boxed{\frac{8}{\pi} \sum_{n=1}^{\infty} \frac{1-(-1)^n}{n \sinh n\pi} \sinh n\pi x \sin n\pi y}$.

問 6.3 $1 = \sum_{n=1}^{\infty} A_n \sin n\pi x$ より $A_n = 2\int_0^1 \sin n\pi \xi d\xi = \frac{2(1-(-1)^n)}{n\pi}$. したがって, 式 (6.16) より $u(x,t) = \boxed{\frac{2}{\pi} \sum_{n=1}^{\infty} \frac{1-(-1)^n}{n} e^{-n^2\pi^2 t} \sin n\pi x}$.

章末問題

[6.1] $u = XT$ とおいて代入して XT で割ると, $\frac{1}{T}\frac{dT}{dt} = \frac{4}{X}\frac{d^2X}{dx^2} + 1(= -c^2) \to T = e^{-c^2 t}$, $\frac{d^2X}{dx^2} + \frac{c^2+1}{4}X = 0 \to X = A\sin\frac{\sqrt{c^2+1}}{2}x + B\cos\frac{\sqrt{c^2+1}}{2}x$. 境界条件から $B = 0, \sqrt{c^2+1}/2 = n \to c^2 = 4n^2 - 1 \to u = \sum_{n=1}^{\infty} A_n e^{-(4n^2-1)t} \sin nx$. $u(x,0)$ の条件から $A_2 = 1, A_4 = -4$ その他は $0 \to u = \boxed{e^{-15t}\sin 2x - 4e^{-63t}\sin 4x}$.

[6.2] $u = XT$ とおいて代入して XT で割ると, $\frac{1}{T}\frac{d^2T}{dt^2} = \frac{4}{X}\frac{d^2X}{dx^2} + 1(= -c^2)$. $T = C\sin\sqrt{c}t + D\cos\sqrt{c}t$, $X = A\sin(\sqrt{c^2+1}/2)x + B\cos(\sqrt{c^2+1}/2)x$, 境界条件から $B = 0$, $c^2 = 4n^2 - 1$.
したがって, $u = \sum_{n=1}^{\infty}(C_n \sin\sqrt{4n^2-1}t + D_n \cos\sqrt{4n^2-1}t)\sin nx$, $u_t(x,0) = 0$ より $C_n = 0$ また $u(x,0)$ の条件から $D_2 = 1, D_4 = -4$ したがって $u = \boxed{\cos\sqrt{15}t \sin 2x - 4\cos\sqrt{63}t \sin 4x}$.

[6.3] $u = XT$ とおくと変数分離されて $X'' + n^2 X = 0, T'' + 2T' + 4n^2 T = 0$, X に対する方程式を境界条件 $X(0) = X(\pi) = 0$ で解くと $X = B\sin nx$ (n: 整数). T に対する方程式を境界条件 $T_t(0) = 0$ で解くと $T = De^{-t}(\sin\sqrt{4n^2-1}t + \sqrt{4n^2-1}\cos\sqrt{4n^2-1}t)$, したがって $u = \sum_{n=1}^{\infty} B_n e^{-t}(\sin\sqrt{4n^2-1}t + \sqrt{4n^2-1}\cos\sqrt{4n^2-1}t)\sin nx$; $u(x,0) = \sin 2x - 4\sin 4x$ より $B_2 = 1/\sqrt{15}$ ($n = 2$), $B_4 = -4/\sqrt{63}$ ($n = 4$), $B_n = 0$ ($n \neq 2, 4$) 以上から $u = \boxed{e^{-t}(\cos\sqrt{15}t + \frac{1}{\sqrt{15}}\sin\sqrt{15}t)\sin 2x - 4e^{-t}(\cos\sqrt{63}t + \frac{1}{\sqrt{63}}\sin\sqrt{63}t)\sin 4x}$

[6.4] $\boxed{u_2 = \sum_{n=1}^{\infty} B_n \sinh\frac{n\pi}{b}x \sin\frac{n\pi}{b}y \left(B_n = \frac{2}{b}\int_0^b f_2(\eta)\sin\frac{n\pi\eta}{b}d\eta\right);}$
$\boxed{u_3 = \sum_{n=1}^{\infty} C_n \sin\frac{n\pi}{a}x \sinh\frac{n\pi}{a}(b-y) \left(C_n = \frac{2}{a}\int_0^a f_3(\xi)\sin\frac{n\pi\xi}{a}d\xi\right);}$
$\boxed{u_4 = \sum_{n=1}^{\infty} D_n \sin\frac{n\pi}{a}x \sinh\frac{n\pi}{a}y, \left(D_n = \frac{2}{a}\int_0^a f_4(\xi)\sin\frac{n\pi\xi}{a}d\xi\right);}$
$\boxed{\nabla^2 u = 0, u(0,y) = f_1(y), u(a,y) = f_2(y), u(x,0) = f_3(x), u(x,b) = f_4(x).}$

第 7 章

問 7.1 $\cos^2\theta = \frac{1+\cos 2\theta}{2} = B_0 + \sum_{n=1}^{\infty}(A_n \sin n\theta + B_n \cos n\theta) \to B_0 = \frac{1}{2}$, $B_2 = \frac{1}{2}$, その他は 0. 式 (7.14) より $u(r,\theta) = \boxed{1/2 + (1/2)r^2\cos(2\theta)}$.

問 **7.2** $3\cos^2\theta + 4\cos\theta - 1 = 2P_2(\cos\theta) + 4P_1(\cos\theta) = \sum_{n=1}^{\infty} A_n a^n P_n(\cos\theta)$
→ $A_1 a = 4$, $A_2 a^2 = 2$ → $u(r,\theta) = \frac{4r}{a}P_1(\cos\theta) + \frac{2r^2}{a^2}P_2(\cos\theta) = 3\left(\frac{r}{a}\right)^2 \cos^2\theta + 4\left(\frac{r}{a}\right)\cos\theta - \left(\frac{r}{a}\right)^2$.

章末問題

[7.1] ラプラス方程式は $\frac{1}{r^2}\frac{d}{dr}\left(r^2\frac{du}{dr}\right) = 0$ → $u = C - \frac{D}{r}$. 境界条件より, $C = \frac{bB-aA}{b-a}$, $D = \frac{ab(B-A)}{b-a}$ → $u = \frac{1}{b-a}\left(bB - aA - \frac{ab(B-A)}{r}\right)$.

[7.2] ポアソン方程式は $\frac{d^2u}{dr^2} + \frac{1}{r}\frac{du}{dr} = 1$ となる. したがってこの方程式を解けば一般解として $u = \frac{r^2}{4} + c\log r + d$ が得られる. 境界条件を満足するように c, d を求めて, $u = \frac{1}{4}(r^2 - a^2) + \frac{B-A-(b^2-a^2)/4}{\log(b/a)}\log\frac{r}{a} + A$.

[7.3] $u = R(r)T(t)$ とおくと, $R\frac{dT}{dt} = T\frac{d^2R}{dr^2} + \frac{T}{r}\frac{dR}{dr}$ → $\frac{1}{T}\frac{dT}{dt} = \frac{1}{R}\frac{d^2R}{dr^2} + \frac{1}{rR}\frac{dR}{dt} = -\lambda^2$. → $\frac{dT}{dt} = -\lambda^2 T$, $\frac{d^2R}{dr^2} + \frac{1}{r}\frac{dR}{dr} + \lambda^2 R = 0$ → $T = Ae^{-\lambda^2 t}$ ($t \to \infty$ で有界), $R = BJ_0(\lambda r) + CY_0(\lambda r)$, $r = 0$ で有界なので $C = 0$, $R(1) = BJ_0(\lambda) = 0$ より $\lambda = \lambda_m$, $R = BJ_0(\lambda_m r)$ → $u = \sum_{m=0}^{\infty} B_m e^{-\lambda_m^2 t} J_0(\lambda_m r)$ ただし $B_m = \frac{2}{\{J_1(\lambda_m)\}^2}\int_0^1 \xi J_0(\lambda_m \xi)d\xi$.

第 8 章

問 **8.1** $b_{mn} = \frac{4}{ab}\int_0^a \xi \sin\frac{m\pi}{a}\xi d\xi \int_0^b \eta \sin\frac{n\pi}{b}\eta d\eta = \frac{4(-1)^{m+n}ab}{mn\pi^2}$.

問 **8.2** $u + v$ は方程式 $\nabla^2(u+v) = \nabla^2 u + \nabla^2 v = -\rho$ および境界条件を満たす.

章末問題

[8.1] (1) $u_1 + u_2$ は方程式と境界条件を満たす.
(2) $\frac{du_1}{dx} = B - \int_0^x h(\eta)d\eta$, $u_1 = Bx + A - \int_0^x d\xi \int_0^\xi h(\eta)d\eta$. ただし境界条件より $A = a$, $B = b - a + \int_0^1 d\xi \int_0^\xi h(\eta)d\eta$.

[8.2] (1) $\sum_{n=1}^{\infty}(a_n'' + n^2\pi^2 a_n)\sin n\pi x = \sin 2\pi t \sin \pi x$, $n \neq 1$ に対して $a_n = 0$, $a_1'' + \pi^2 a_1 = \sin 2\pi t$, 境界条件は $a_1(0) = a_1'(0) = 0$.
(2) ラプラス変換して
$s^2 X + \pi^2 X = \frac{2\pi}{s^2 + 4\pi^2}$. $a_1 = L^{-1}[2/(3\pi^2)(\pi/(s^2+\pi^2) - \pi/(s^2+4\pi^2))] = (2\sin\pi t - \sin 2\pi t)/(3\pi^2)$. したがって $u = \frac{1}{3\pi^2}(2\sin\pi t - \sin 2\pi t)\sin\pi x$.

[8.3] $U = F[u]$ とおいてフーリエ変換すると $\frac{dU}{dt} = -\lambda^2 U$, また初期条件は $U(0) = F[\delta(x)] = \frac{1}{\sqrt{2\pi}}$, 方程式を解いて $U = \frac{1}{\sqrt{2\pi}}e^{-\lambda^2 t}$, 逆変換して $u = \frac{1}{2\sqrt{\pi t}}e^{-x^2/(4t)}$. (例題 3.2 参照)

索　引

ア　行

インピーダンス　19

円形膜の振動　128

オイラーの公式　30
オイラーの微分方程式　134
重み関数　71
温度勾配　96

カ　行

ガウスの定理　96
拡散方程式　86
加法定理　30
関数列　70
完全（正規関数列が）　75

奇関数　38
ギブスの現象　34
基本解　148
逆フーリエ正弦変換　63
逆フーリエ余弦変換　63
球座標　132
　　──でのラプラス方程式　132
境界条件　107
　　非同次の──　137
極座標　122
　　──でのラプラス方程式　123

偶関数　38
区分的に滑らか　47
区分的に連続　47
グリーン関数　147
クロネッカーのデルタ　140

弦の微小振動　94

合成積　8
コーシーの積分定理　62
コーシー・リーマンの方程式　155
固有関数　77
固有関数展開法　139
固有値　77

サ　行

最大・最小の定理　103
三角関数　28
　　──の直交関係　32
　　──の微積分　31

指数関数の微積分　31
周期関数　29
収束域　5
収束座標　5
準線形（偏微分方程式）　85
初期条件　107
初期静止解　19
初期値問題　17

スツルム・リュービル型固有値問題　78
スツルム・リュービルの微分方程式　76
ストークスの公式　100

正規直交関数列　71
正弦関数　28
絶対可積分　58
線形偏微分方程式　84

双曲型（偏微分方程式）　85

168　索　引

——の標準形　85
相似性　6

タ 行

第1種境界値問題　149
第1種ベッセル関数　129
第2種境界値問題　149
第2種ベッセル関数　129
第3種境界値問題　149
楕円型（偏微分方程式）　86
　　——の標準形　86
ダランベールの解　99
単位応答　22
単位階段関数　3

チェビシェフの多項式　83
調和関数　103
直交関数列　71

定数係数常微分方程式　17
テイラー展開　94
デュアメルの公式　25
デルタ応答　24
デルタ関数　24

特異点　155
特性曲線　101

ナ 行

内積　71

2次元波動方程式　128
2重フーリエ級数　142
2重フーリエ展開　142
ニュートンの第2法則　94

熱源　97
熱伝導方程式　96
熱平衡状態　98

ノイマン問題　149

ハ 行

パーセバルの等式　54
波動方程式　86

非線形偏微分方程式　84

部分分数　14
フーリエ逆変換　60
フーリエ級数　40
　　——の収束条件　47
　　一般の——　73
　　複素形式の——　45
フーリエ正弦変換　63
フーリエ展開　40
　　一般の——　73
フーリエの積分定理　59
フーリエの熱伝導の法則　95
フーリエ変換　60
　　——の性質　68
フーリエ余弦変換　63
ブロムウィッチの積分路　156
分離の定数　108

平均2乗誤差　53
平均の定理　103
ベッセルの微分方程式　129
ベッセルの不等式　54
ヘビサイドの展開定理　15
変数分離法　108
変数変換　87
偏微分方程式　84
　　——の階数　84
　　非同次の——　138

ポアソンの積分公式　104
ポアソン方程式　98
放物型（偏微分方程式）　85
　　——の標準形　86
補助方程式　92

ヤ 行

有理形関数　156

余弦関数　28

ラ 行

ライプニッツの公式　79
ラグランジュの偏微分方程式　92
ラプラス逆変換　1
　——の公式　154
　——の性質　16
ラプラス変換　1
　——の性質　10
ラプラス方程式　86

留数　155
留数定理　156

ルジャンドルの多項式　79, 134
ルジャンドルの微分方程式　78, 133

ロドリーグの公式　79
ロバン問題　149
ロピタルの定理　2

著者略歴

河村 哲也(かわむら・てつや)

1954 年　京都府に生まれる
1981 年　東京大学大学院工学系研究科博士課程退学
現　在　お茶の水女子大学大学院人間文化創成科学研究科教授
　　　　工学博士

理工系の数学教室 3
フーリエ解析と偏微分方程式　　　定価はカバーに表示

2005 年 4 月 10 日　初版第 1 刷
2007 年 7 月 30 日　　　第 3 刷

著　者　河　村　哲　也
発行者　朝　倉　邦　造
発行所　株式会社　朝　倉　書　店
　　　　東京都新宿区新小川町6-29
　　　　郵便番号　162-8707
　　　　電　話　03(3260)0141
　　　　ＦＡＸ　03(3260)0180
　　　　http://www.asakura.co.jp

〈検印省略〉

ⓒ 2005〈無断複写・転載を禁ず〉　東京書籍印刷・渡辺製本

ISBN 978-4-254-11623-6　C 3341　　Printed in Japan

お茶の水大 河村哲也著
シリーズ〈理工系の数学教室〉1
常微分方程式
11621-2　C3341　　　A 5 判 180頁 本体2800円

物理現象や工学現象を記述する微分方程式の解法を身につけるための入門書。例題，問題を豊富に用いながら，解き方を実践的に学べるよう構成。〔内容〕微分方程式／2階微分方程式／高階微分方程式／連立微分方程式／記号法／級数解法／付録

お茶の水大 河村哲也著
シリーズ〈理工系の数学教室〉2
複素関数とその応用
11622-9　C3341　　　A 5 判 176頁 本体2800円

流体力学，電磁気学など幅広い応用をもつ複素関数論について，例題を駆使しながら使いこなすことを第一の目的とした入門書〔内容〕複素数／正則関数／初等関数／複素積分／テイラー展開とローラン展開／留数／リーマン面と解析接続／応用

東大 中村 周著
応用数学基礎講座 4
フーリエ解析
11574-1　C3341　　　A 5 判 200頁 本体3500円

応用に重点を置いたフーリエ解析の入門書。特に微分方程式，数理物理，信号処理の話題を取り上げる。〔内容〕フーリエ級数展開／フーリエ級数の性質と応用／1変数のフーリエ変換／多変数のフーリエ変換／超関数／超関数のフーリエ変換

前金沢大 高松吉郎・金沢高専長　郁男著
微分方程式とフーリエ級数
11009-8　C3041　　　A 5 判 216頁 本体2900円

大学理工系，工業高専向教科書。定理等の証明は簡潔に，例題と問題を随所にはさみ解法の習熟と理論の理解をはかった。〔内容〕微分方程式／1階微分方程式／特別な形の微分方程式／線形微分方程式／級数解法／フーリエ級数／ラプラス変換

T.W.ケルナー著　京大 高橋陽一郎監訳
フーリエ解析大全（上）
11066-1　C3041　　　A 5 判 336頁 本体5900円

フーリエ解析の全体像を描く"ちょっと風変わりで不思議な"数学の本。独自の博識と饒舌でフーリエ解析の概念と手法，エレガントな結果を幅広く描き出す。地球の年齢・海底電線など科学的応用と数学の関係や，歴史的な逸話も数多く挿入した

T.W.ケルナー著　京大 高橋陽一郎監訳
フーリエ解析大全（下）
11067-8　C3041　　　A 5 判 368頁 本体6500円

〔内容〕フーリエ級数（ワイエルシュトラウスの定理，モンテカルロ法，他）／微分方程式（減衰振動，過渡現象，他）／直交級数（近似，等周問題，他）／フーリエ変換（積分順序，畳込み，他）／発展（安定性，ラプラス変換，他）／その他（なぜ計算を？，他）

S.J.ファーロウ著　中大 伊理正夫・理科大 伊理由美訳
偏微分方程式
—科学者・技術者のための使い方と解き方—
11071-5　C3041　　　A 5 判 424頁 本体6200円

物理や工学など，偏微分方程式を応用する人々にとっての絶好の入門書。〔内容〕拡散型の問題／変数分離／積分変換／双曲型の問題／波動方程式／連立方程式／楕円型の問題／ラプラシアン／ディリクレ問題／数値解法／近似解法／変分法／他

神奈川大 小国 力・神奈川大 小割健一著
MATLAB数式処理による数学基礎
11101-9　C3041　　　A 5 判 192頁 本体3400円

数学・数式処理・数値計算を関連づけ，コンピュータを用いた応用にまで踏み込んだ入門書。〔内容〕微積分の初歩／線形代数等の初歩／微積分の基礎／積分とその応用／偏微分とその応用／3変数の場合／微分方程式／線形計算と確率統計計算

理科大 鈴木増雄・中大 香取眞理・東大 羽田野直道・物質材料研究機構 野々村禎彦訳
科学技術者のための 数学ハンドブック
11090-6　C3041　　　A 5 判 570頁 本体16000円

理工系の学生や大学院生にはもちろん，技術者・研究者として活躍している人々にも，数学の重要事項を一気に学び，また研究中に必要になった事項を手っ取り早く知ることのできる便利で役に立つハンドブック。〔内容〕ベクトル解析とテンソル解析／常微分方程式／行列代数／フーリエ級数とフーリエ積分／線形ベクトル空間／複素関数／特殊関数／変分法／ラプラス変換／偏微分方程式／簡単な線形積分方程式／群論／数値的方法／確率論入門／（付録）基本概念／行列式その他

上記価格（税別）は 2007 年 6 月現在